Einstern

4

Themenheft 1

Die Zahlen bis 1 000 000 · Addition und Subtraktion · Körper · Daten

Erarbeitet von Roland Bauer und Jutta Maurach

In Zusammenarbeit mit der Redaktion Mathematik Grundschule

Cornelsen

Inhaltsverzeichnis

Lernportion 1 Die Zahlen bis 10 000

Lernportion 2 Die Zahlen bis 1 000 000

Lernportion 3 Geometrische Körper

Lernportion 4 Addition und Subtraktion

Lernportion 5 Schriftliche Addition und Subtraktion

Lernportion 6 Daten

1 Besprich mit einem anderen Kind, was diese Zahlen bedeuten.

2 Suche große Zahlen.

a Suche in deiner Umgebung, in Katalogen, Büchern, Zeitungen oder im Internet weitere Abbildungen oder Angaben mit großen Zahlen. Du kannst auch fotografieren. Besprich mit einem anderen Kind, was die Zahlen bedeuten.

b Zeichne oder klebe die Bilder in dein Heft. Du kannst auch mit anderen Kindern ein Plakat gestalten.

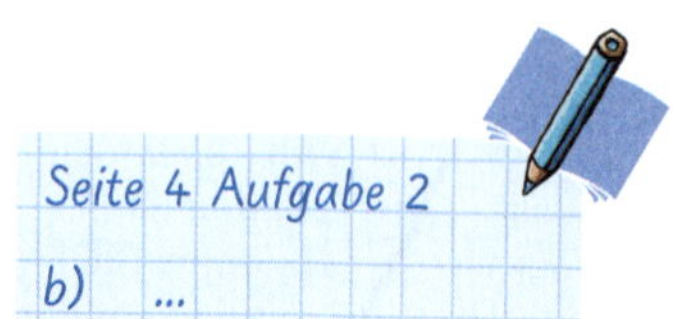

* **SF:** unterschiedliche Bedeutung von Zahlen erkennen und beschreiben
* Beispiele für große Zahlen im Alltag finden
* **MK:** unterschiedliche Medien nutzen, Plakat gestalten

Die Blockstange mit 10 000 Würfeln kennenlernen

1 Würfel	1 Stange	1 Platte	1 Block	1 Blockstange
1 Einer	1 Zehner	1 Hunderter	1 Tausender	1 Zehntausender
1 E	1 Z = 10 E	1 H = 10 Z	1 T = 10 H	1 ZT = 10 T

1 Betrachte den Zusammenhang zwischen Würfel, Stange, Platte, Block und Blockstange.

a) Eine Platte hat ■ Stangen oder ■ kleine Würfel.

b) Ein Block hat ■ Platten, ■ Stangen oder ■ kleine Würfel.

c) Eine Blockstange hat ■ Blöcke, ■ Platten, ■ Stangen oder ■ kleine Würfel.

Seite 5 Aufgabe 1
a) Eine Platte hat ... Stangen oder ... kleine Würfel.
b) ...

2 Was fällt dir bei den Ergebnissen von Aufgabe 1 auf? Sprich mit einem anderen Kind darüber.

3 Lege mit Blöcken, Platten, Stangen und Würfeln eine Zahl. Ein anderes Kind bestimmt die Zahl. Wechselt die Rollen.

⋆ SF: mithilfe des Mehrsystemmaterials die Struktur des Zehnersystems bis 10 000 erkennen und beschreiben ⋆ Zahlen bis 10 000 mit Mehrsystemmaterial legen
⋆ mit Mehrsystemmaterial gelegte Zahlen bestimmen

1 Bestimme für jedes Bild die Anzahl der Tausender, Hunderter, Zehner und Einer.
Schreibe dein Ergebnis jeweils in eine Stellentafel und als Zahl.

a)
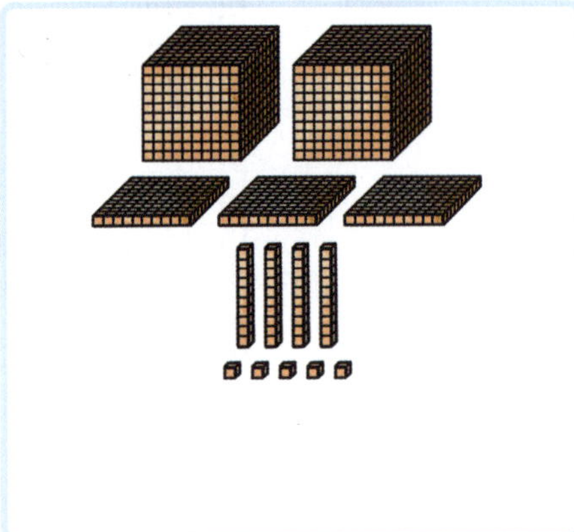

b)
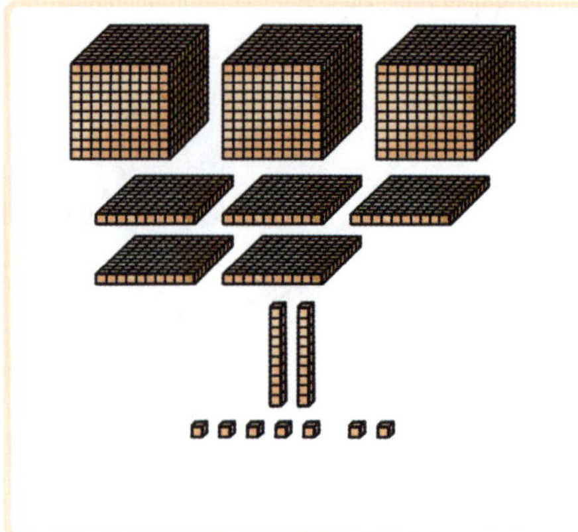

c)
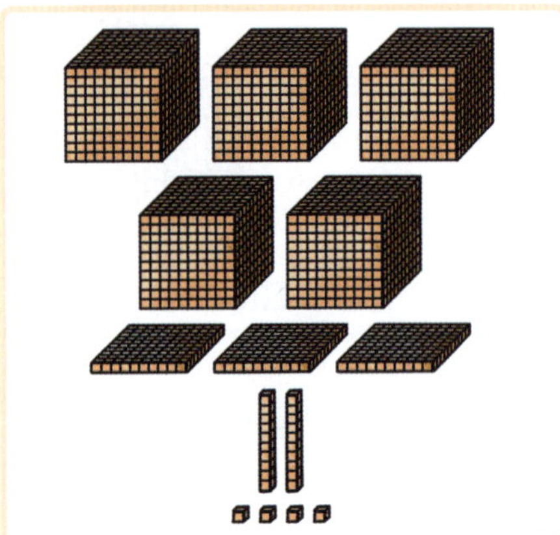

d)
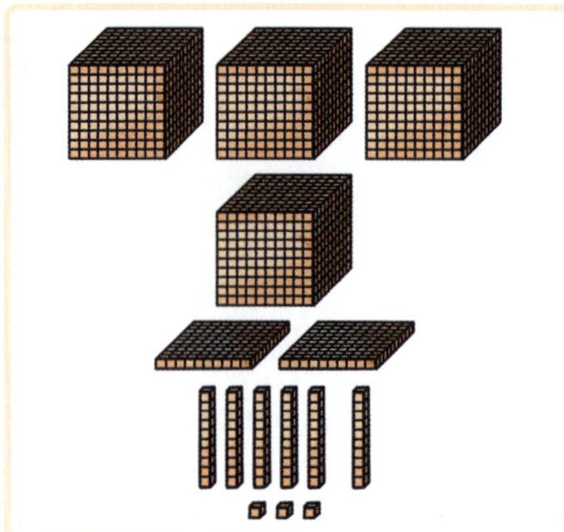

e)
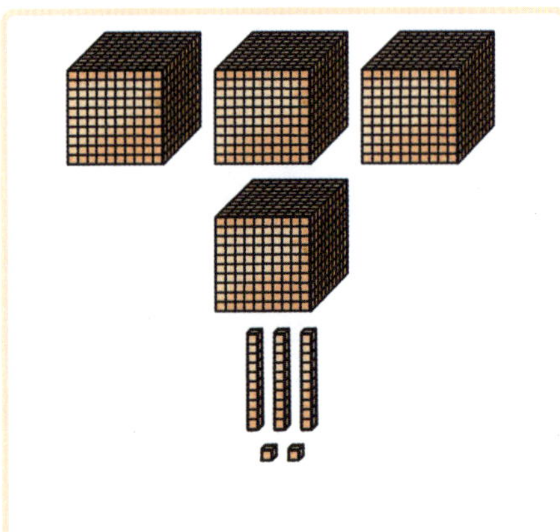

f)
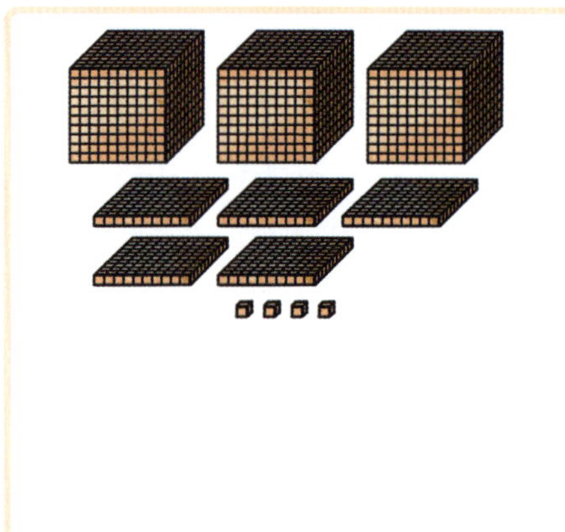

g)
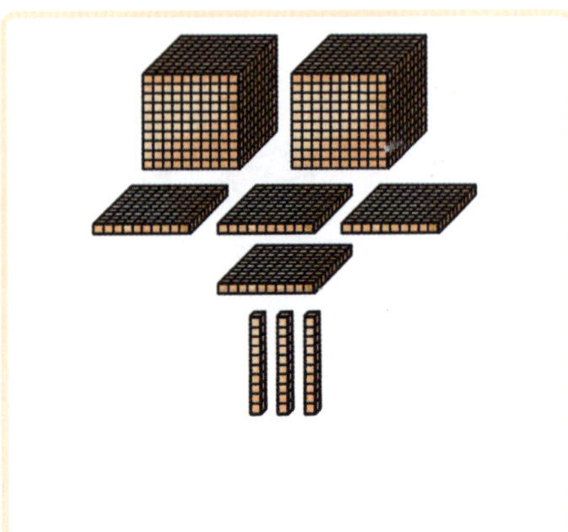

h)
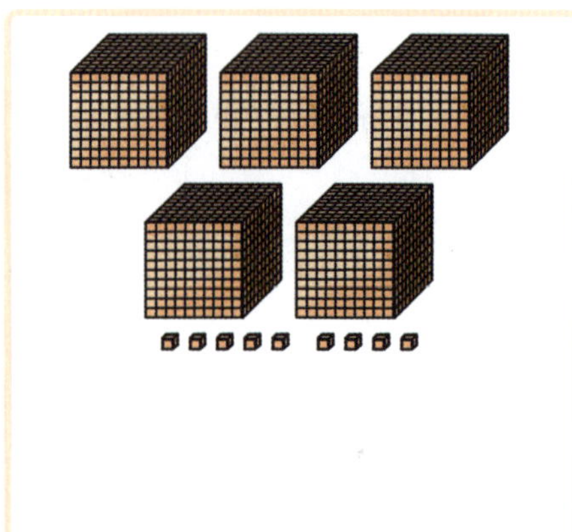

2 Bestimme für jedes Bild die Anzahl der Tausender, Hunderter, Zehner und Einer.
Schreibe auch die passende Additionsaufgabe dazu.

a)

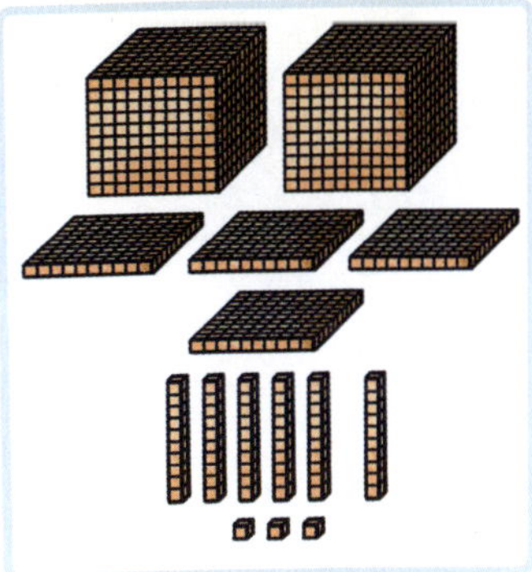

b)

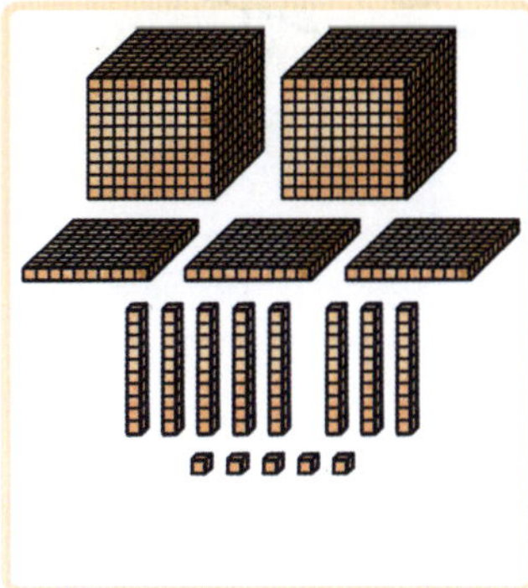

Seite 7 Aufgabe 2

a) 2 T 4 H 6 Z 3 E

2000 + 400 + 60 + 3 = 2463

b) ...

c)

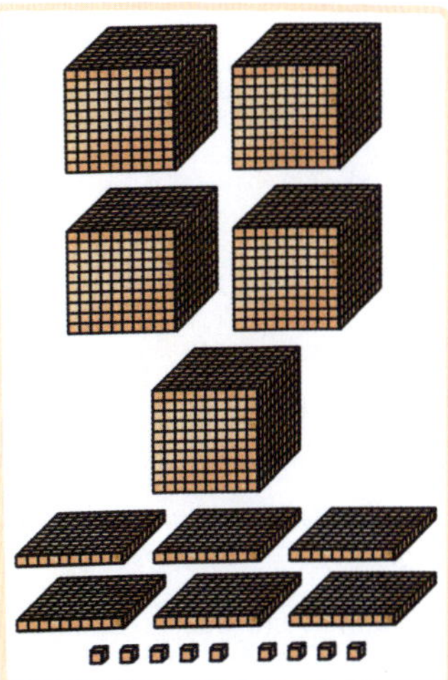

d)

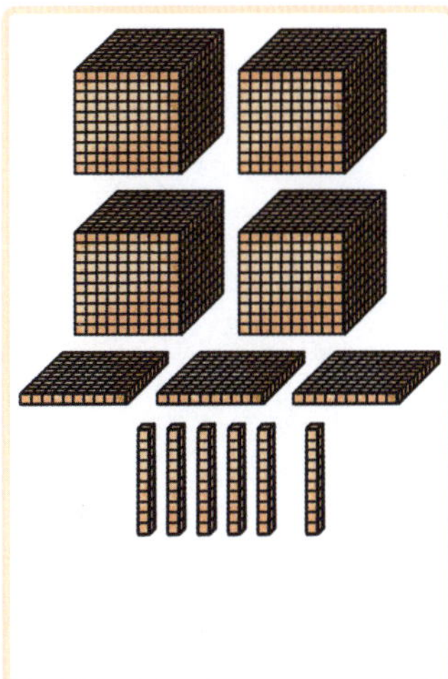

3 Stelle als Additionsaufgabe dar.
Du kannst die Zahlen auch zuerst legen.

a)

T	H	Z	E
5	0	7	1

b)

T	H	Z	E
9	6	8	3

Seite 7 Aufgabe 3

a) 5000 + 70 + 1 = 5071

b) ...

c) 6T 7H 5Z 8E

d) 8T 9H 3Z 5E

e) 6539

f) 2003

g) 3412

h) 4031

★ mit Mehrsystemmaterial dargestellte Zahlen bis 10 000 in Stellenschreibweise und in eine Additionsaufgabe übertragen ★ in unterschiedlichen Zahldarstellungen vorgegebene Zahlen bis 10 000 in Additionsaufgaben übertragen

1 Zahlen lesen und schreiben

3000
400
50
7

dreitausendvierhundertsiebenundfünfzig

3457

1 Schreibe die Zahlwörter als Zahlen.

a) sechstausendvierhundertzweiundneunzig

b) dreitausendfünfhundertvierundsiebzig

c) achttausendzweihundertneununddreißig

d) fünftausendvierundsiebzig

e) viertausendundfünf

Seite 8 Aufgabe 1
a) 6 4 9 2 b) ...

2 Schreibe als Zahlwörter.

a) 5T 3H 4Z 7E   b) 2T 0H 5Z 1E

c) 2768   d) 9402

Seite 8 Aufgabe 2
a) fünftausenddreihundertsiebenundvierzig
b) ...

3 Diktiert euch gegenseitig diese Zahlen. Kontrolliert gemeinsam.

a) 39   b) 147   c) 258   d) 1490   e) 3621

f) 16   g) 763   h) 508   i) 8417   j) 9005

Seite 8 Aufgabe 3
a) 3 9 b) ...

4 Setze mit diesen Karten Zahlen aus Tausendern, Hundertern, Zehnern und Einern zusammen. Schreibe sie jeweils als Zahl und als Zahlwort auf.

3000 | 8 | 400 | 20 | 700 | 5000 | 60 | 9

a) fünf verschiedene Zahlen   b) die kleinste Zahl

c) die größte Zahl   d) alle Zahlen, die größer als 5000 sind

Seite 8 Aufgabe 4
a) ...

ÜH 1

★ SF: Sprech- und Schreibweise von vierstelligen Zahlen bewusst machen und anwenden
★ Zahlen aus Tausendern, Hundertern, Zehnern und Einern nach unterschiedlichen Vorgaben zusammensetzen

1 Ordne die dargestellten Zahlen passend zu.

A 5T 3H 1Z 2E

B 3T 2H 0Z 4E

C

T	H	Z	E
3	0	4	2

D

T	H	Z	E
4	5	3	2

1

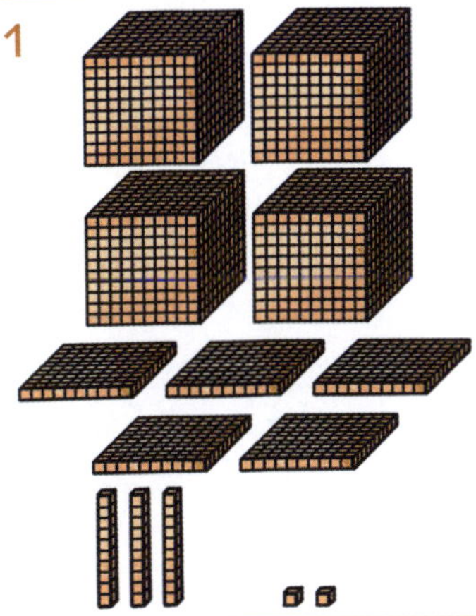

2

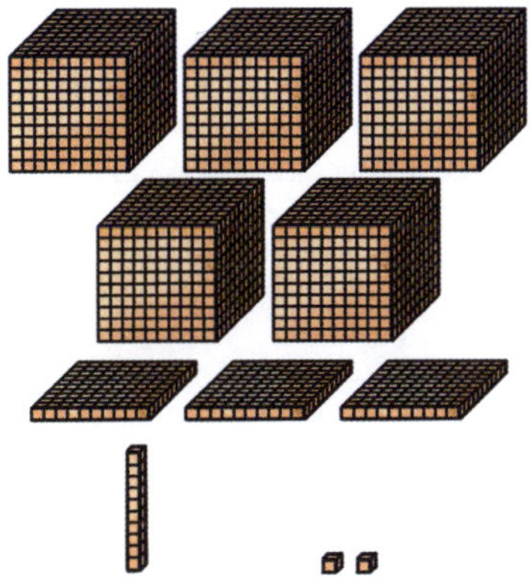

3

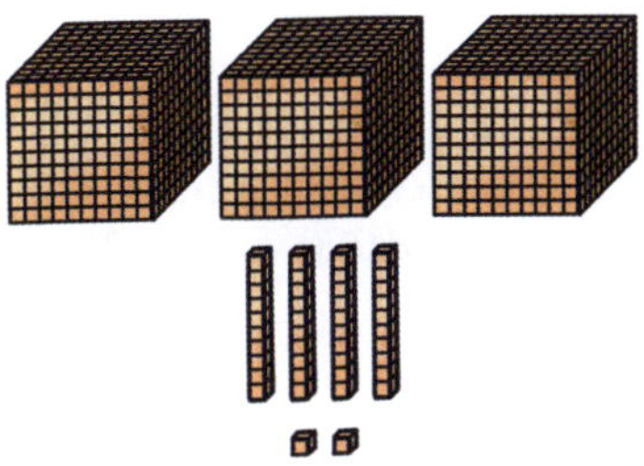

4

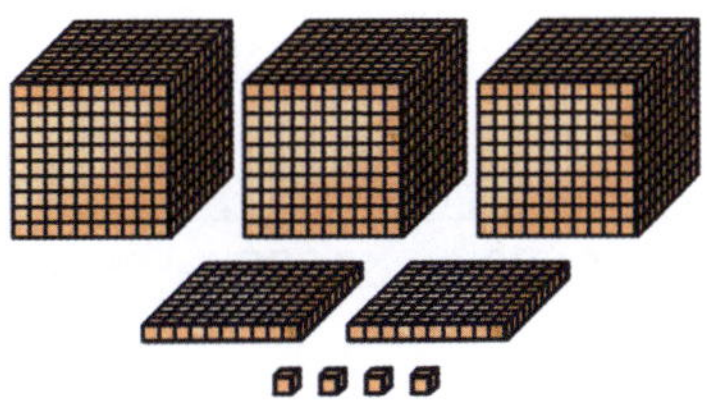

Seite 9 Aufgabe 1
A – 2
⋮

2 Schreibe die Zahlwörter als Zahlen.

a) viertausendsiebenhundertdreiundsechzig

b) sechstausenddreihundertsiebenundvierzig

c) achttausendneunhundertneunzig

d) fünftausendundzwei

Seite 9 Aufgabe 2
a) 4 7 6 3 b) ...

3 Schreibe als Zahlwörter.

a) 2T 4H 5Z 6E

b) 3T 5H 2Z 0E

c) 7604

d) 9871

Seite 9 Aufgabe 3
a) zweitausendvierhundertsechsundfünfzig
b) ...

⋆ in unterschiedlichen Zahldarstellungen vorgegebenen Zahlen mit Mehrsystemmaterial dargestellte Zahlen zuordnen ⋆ SF: Zahlwörter in Zahlen übertragen
⋆ SF: in unterschiedlichen Zahldarstellungen notierte Zahlen in Zahlwörter übertragen

1 Schreibe die markierten Zahlen auf.

a)

Seite 10 Aufgabe 1
a) 3060, ...
b) ...

b)
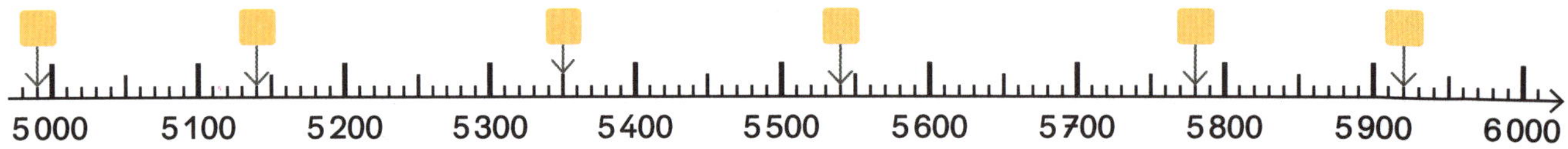

c)
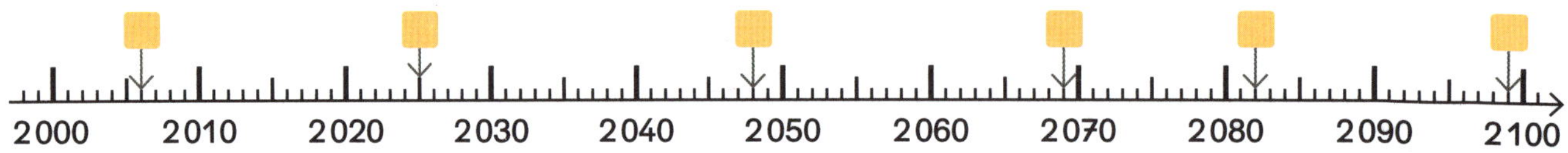

d)
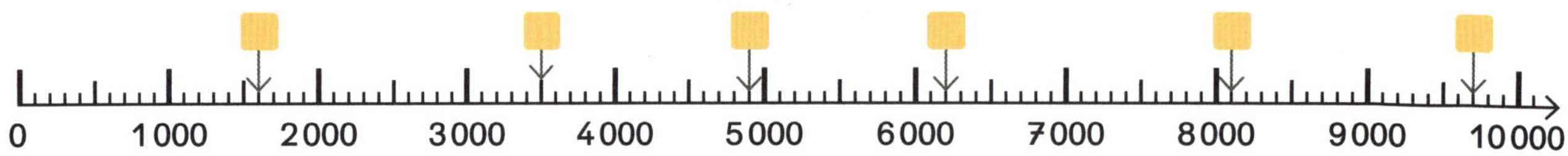

2 Überlege, welche Zahlen markiert sind. Schreibe sie auf.

a)

b)

c)
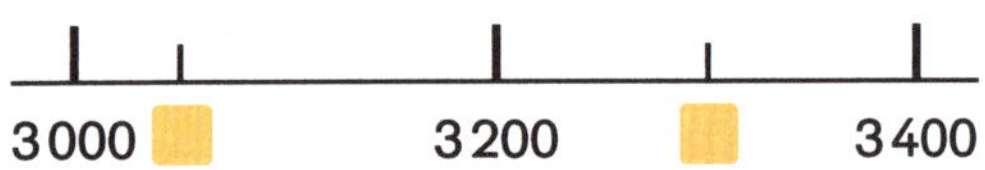

d)

Seite 10 Aufgabe 2
a) ...

3 Bestimme die Zahl, die genau in der Mitte zwischen den beiden Zahlen liegt.

a)

b)
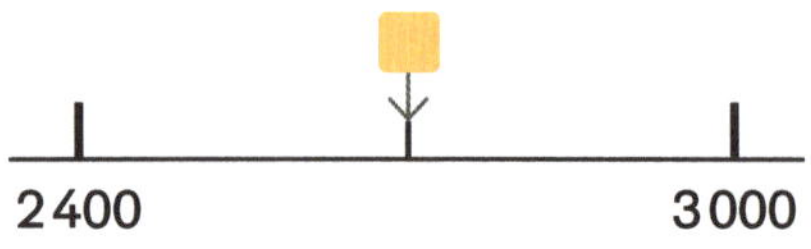

Seite 10 Aufgabe 3
a) ...

c)

d)
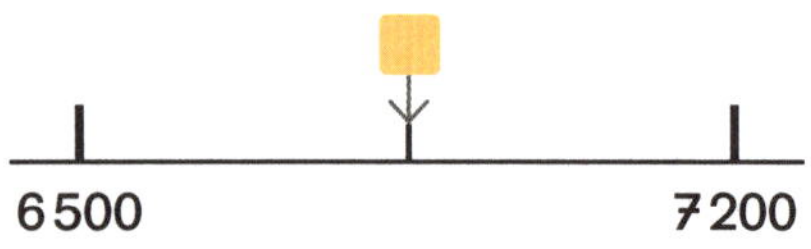

AH 5 ÜH 2

- Zahlen am Zahlenstrahl ablesen
- unterschiedliche Skalen beim Zahlenstrahl verstehen und nutzen
- am Zahlenstrich markierte Zahlen ermitteln

Nachbarzehner, Nachbarhunderter und Nachbartausender bestimmen

*2000 und 3000 sind die **Nachbartausender** von 2735.*

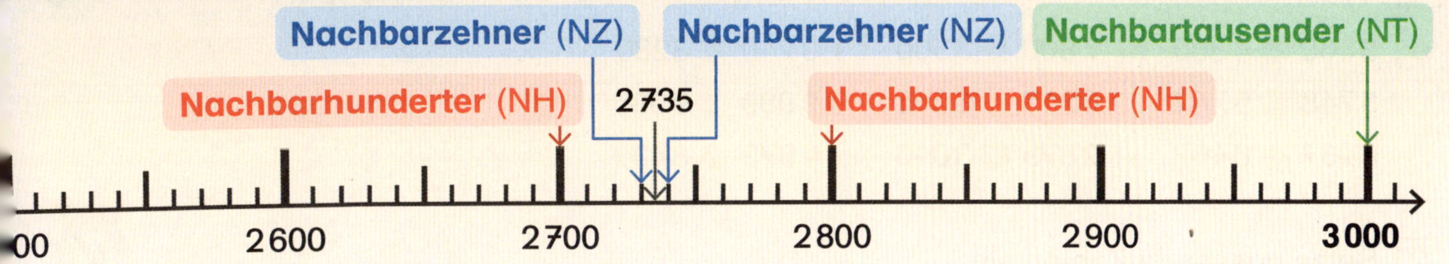

1 Schreibe die Nachbarzehner (NZ) auf.
Markiere den näher liegenden Zehner blau.

a)
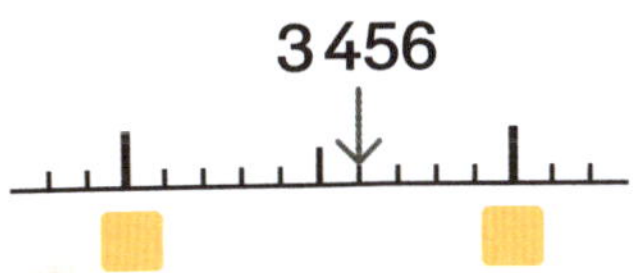

b)
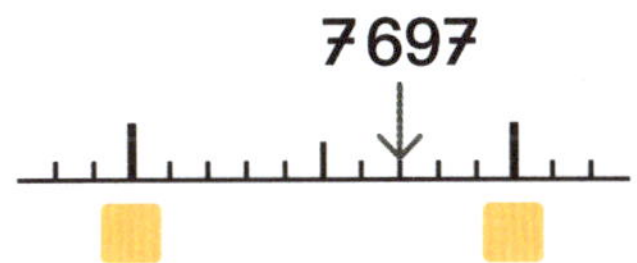

Seite 11 Aufgabe 1
a) ...

2 Schreibe die Nachbarhunderter (NH) auf.
Markiere den näher liegenden Hunderter rot.

a)
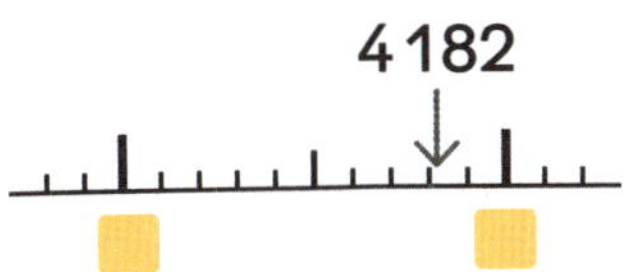

b)
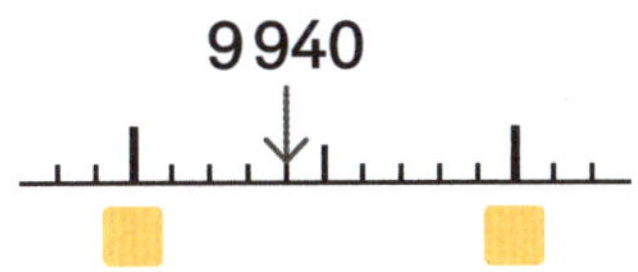

Seite 11 Aufgabe 2
a) ...

3 Schreibe die Nachbartausender (NT) auf.
Markiere den näher liegenden Tausender grün.

a)
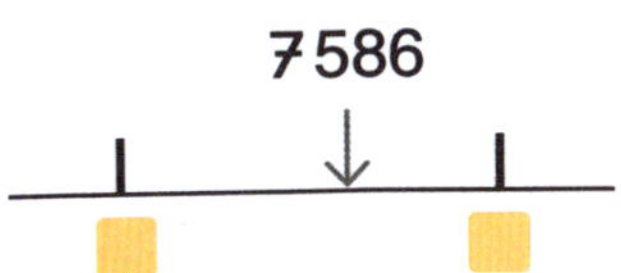

b)
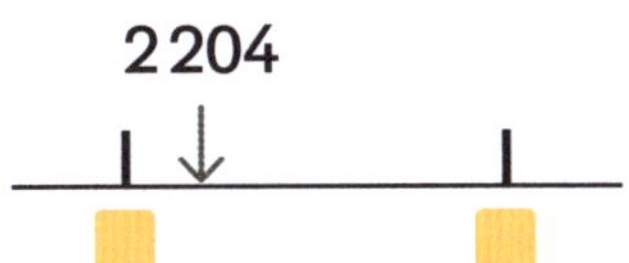

Seite 11 Aufgabe 3
a) ...

4 Übertrage die Tabelle in dein Heft. Trage die Nachbarzahlen ein.
Markiere die näher liegende Nachbarzahl: Nachbarzehner blau,
Nachbarhunderter rot, Nachbartausender grün.

NT	NH	NZ	Zahl	NZ	NH	NT
			2394			
			8538			
			5871			

Seite 11 Aufgabe 4

NT	NH	NZ	Zahl	...
...	...	...	2 3 9 4	...

5 Schreibe mindestens fünf Zahlen auf, die alle …

a) … den gleichen Nachbarzehner und Nachbarhunderter haben.

b) … den gleichen Nachbarhunderter und Nachbartausender haben.

Seite 11 Aufgabe 5
a) ...

★ Nachbarzehner, -hunderter und -tausender bestimmen und jeweils die näher an der Ausgangszahl liegende Zahl markieren ★ Zahlen finden, die den gleichen Nachbarzehner und -hunderter bzw. -hunderter und -tausender haben

1 Setze die Zeichen <, > oder = passend ein.

a) 3400 ● 4300
5748 ● 5742
6457 ● 6457

b) 7800 ● 3500
6315 ● 6315
2879 ● 3010

c) 3240 ● 3280
9999 ● 9995
4873 ● 8437

Seite 12 Aufgabe 1
a) 3400 < 4300
⋮
b) ...

2 Setze passende Zahlen ein.
Finde jeweils drei verschiedene Lösungen.

a) 5689 < ■

b) 7510 > ■

c) 6803 < ■ < 6810

Seite 12 Aufgabe 2
a) 5689 < ...
⋮
b) ...

3 Ordne die Zahlen der Größe nach. Beginne mit ...

a) ... der kleinsten Zahl.

7506, 6750, 6057, 7560

b) ... der größten Zahl.

2413, 2314, 4321, 4231

Seite 12 Aufgabe 3
a) 6057 < ...
b) ...

4 Du hast diese Ziffernkärtchen: 2 6 4 9.

a) Bilde aus den Ziffernkärtchen möglichst viele vierstellige Zahlen und schreibe sie in eine Stellentafel. Verwende jedes Ziffernkärtchen jeweils nur einmal.

b) Umrande oder ergänze die größtmögliche Zahl rot.

c) Umrande oder ergänze die kleinstmögliche Zahl blau.

Seite 12 Aufgabe 4

T	H	Z	E
...			
... ⋮	⋮	⋮	⋮

5 Suche dir ein anderes Kind.
Stellt euch gegenseitig Zahlenrätsel und löst sie.

6 Schreibe ein Zahlenrätsel auf, das du besonders interessant findest.

Seite 12 Aufgabe 6
...

* Zahlen vergleichen und mit passenden Relationszeichen notieren * zu vorgegebenen Ungleichungen verschiedene passende Zahlen finden * Zahlen der Größe nach ordnen * aus Ziffernkärtchen nach Vorgabe Zahlen bilden * SF: Zahlenrätsel erfinden, lösen und notieren

1 Bilde aus diesen Ziffernkärtchen Zahlen und schreibe sie auf.
Verwende jedes Ziffernkärtchen pro Zahl höchstens einmal.

2 5 7 3

Seite 13 Aufgabe 1
a) ...

a) alle Zahlen zwischen 10 und 100

b) alle Zahlen zwischen 100 und 500

c) mindestens 10 Zahlen zwischen 1 000 und 10 000

d) die kleinstmögliche vierstellige Zahl

e) die größtmögliche vierstellige Zahl

f) Vergleiche deine Vorgehensweise mit der eines anderen Kindes.

2 Ihr habt nun diese Ziffernkärtchen: 4 5 8 4.

a) Überlegt, ob ihr damit genauso viele verschiedene Zahlen bilden könnt wie mit den Ziffernkärtchen in Aufgabe 1. Begründet eure Antwort.

b) Findet eigene Aufgaben und stellt sie euch gegenseitig.

3 Lest am Baumdiagramm ab, welche vierstelligen Zahlen mit den Ziffern 3 5 7 9 gebildet werden können. Wie viele verschiedene sind es?

3 579, ...

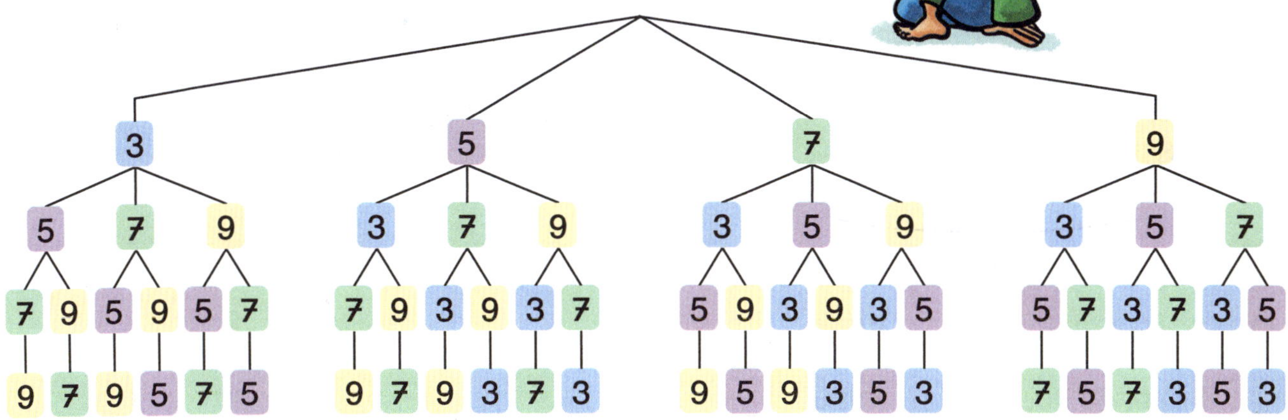

4 Erstelle selbst ein Baumdiagramm, um alle möglichen dreistelligen Zahlen mit den Ziffern 1 2 3 zu finden. Jedes Ziffernkärtchen darf pro Zahl nur einmal verwendet werden.

Seite 13 Aufgabe 4
...

* SF: aus Ziffernkärtchen nach Vorgabe Zahlen bilden, Vorgehensweisen vergleichen und auf eine veränderte Ausgangssituation übertragen * am Baumdiagramm alle möglichen vierstelligen Zahlen ablesen * in einem Baumdiagramm alle möglichen dreistelligen Zahlen darstellen

1 Suche dir ein anderes Kind.
Zählt in den angegebenen Schritten.
Wechselt euch beim Sprechen ab.

in Zehnerschritten von 5970 bis 6040	in Zwanzigerschritten von 8220 bis 8440
in Fünfzigerschritten von 5250 bis 3750	in …schritten von … bis …

2 Setze die Zahlenfolgen fort.

a) immer + 1000
940 1940 ■ ■ ■ ■ ■ 7940

b) immer + 500
1520 2020 ■ ■ ■ ■ ■ 5020

c) immer + 200
2350 2550 ■ ■ ■ ■ ■ 3750

d) immer – 1000
9370 8370 ■ ■ ■ ■ ■ 2370

e) immer – 500
7050 6550 ■ ■ ■ ■ ■ 3550

f) immer – 200
8810 8610 ■ ■ ■ ■ ■ 7410

Seite 14 Aufgabe 2
a) 940, 1940, 2940, …
b) …

3 Bestimme zuerst die Schritte. Setze dann die Zahlenfolgen fort.

a) 5940, 5950, 5960 … 6040
b) 6690, 6790, 6890 … 7690
c) 130, 1130, 2130 … 9130
d) 8080, 8070, 8060 … 7990
e) 4350, 4250, 4150 … 3450
f) 9540, 8540, 7540 … 540

Seite 14 Aufgabe 3
a) immer + 10
5940, 5950, …
b) …

★ Zahlenfolgen mit verschiedenen Schrittfolgen vorwärts und rückwärts bilden und fortsetzen ★ **MK:** Schrittfolgen und Strukturen bei Zahlenfolgen erkennen und Zahlenfolgen entsprechend fortsetzen

1 Bestimme zuerst die Schritte.
Setze dann die Zahlenfolgen fort.

a) immer ■
2000 2025 2050 ■ ■ ■ ■ 2175

b) immer ■
5000 4950 4900 ■ ■ ■ ■ 4650

c) immer ■
25 50 100 ■ ■ ■ ■ 3200

d) immer ■
5120 2560 1280 ■ ■ ■ ■ 40

Seite 15 Aufgabe 1
a) immer + 25
2000, 2025, 2050, 2075, ...
b) ...

2 Bestimme jeweils die Bildungsregel.
Schreibe sie auf.
Setze die Zahlenfolgen jeweils um mindestens fünf Zahlen fort.

a) 4800 5000 4500 4700 4200 ■ ...

b) 350 450 900 1000 2000 ■ ...

c) 1 10 5 50 25 ■ ...

Seite 15 Aufgabe 2
a) 4800 —(+200)→ 5000 —(−500)→ 4500 —(+200)→ ...
Immer erst 200 addieren,
dann 500 subtrahieren ...
b) ...

3 Suche dir ein anderes Kind.
Denkt euch abwechselnd Zahlenfolgen aus.
Bittet das andere Kind, diese fortzusetzen.
Besprecht anschließend …

- … wie ihr beim Bilden der Zahlenfolgen vorgegangen seid.
- … wie ihr beim Fortsetzen der Zahlenfolgen vorgegangen seid.
- … wie viele Zahlen mindestens vorgegeben sein müssen.

Seite 15 Aufgabe 3
...

★ MK: Schrittfolgen und Strukturen bei besonderen Zahlenfolgen erkennen und Zahlenfolgen entsprechend fortsetzen ★ SF: gemeinsam mit einem anderen Kind Zahlenfolgen erstellen und fortsetzen, das Vorgehen reflektieren und beschreiben

1 000 000 sind fünftausend 200-Euro-Scheine.

Zwölf Tage sind ungefähr 1 000 000 Sekunden.

Zehn Hechtweibchen legen zusammen ungefähr 1 000 000 Eier.

In drei 5-Liter-Eimer passen ungefähr 1 000 000 Reiskörner.

1 000 000 1-Euro-Münzen in eine lange Rolle verpackt sind 2 km 330 m lang.

Ein Elefant hat in 23 Tagen ungefähr 1 000 000 Herzschläge.

Ein 10-jähriges Kind hat in ungefähr acht Tagen 1 000 000 Herzschläge.

170 afrikanische Elefanten wiegen ungefähr 1 000 000 kg.

Zu zwei Ameisenvölkern gehören mindestens 1 000 000 Ameisen.

Auf zehn Köpfen dunkelhaariger Menschen wachsen zusammen ungefähr 1 000 000 Haare.

Wenn ich 100 Quadrate mit 10 cm Seitenlänge aus Millimeterpapier ausschneide und nebeneinanderlege, habe ich eine Fläche mit 1 000 000 Millimeterquadraten.

1 Million
1 000 000

1 Suche selbst in Büchern, Zeitschriften oder im Internet weitere interessante Aussagen zu 1 Million. Gestalte gemeinsam mit anderen Kindern ein Plakat dazu.

2 Beschreibe einem anderen Kind mindestens zwei Beispiele, die dir helfen, dir Anzahlen bis 1 000 000 gut vorzustellen.

3 Schätze, wie viel Zeit du ungefähr benötigen würdest, um bis 1 Million zu zählen. Sprich mit einem anderen Kind über deine Überlegungen und deine Vorgehensweise beim Schätzen.

* **MK:** in verschiedenen Medien Aussagen zu 1 Million finden und gemeinsam mit anderen Kindern auf einem Plakat darstellen * **SF:** einem anderen Kind anschauliche Beispiele zu Anzahlen bis 1 Million vorstellen * **SF:** Überlegungen und Vorgehensweise bei einer Schätzaufgabe besprechen

Den Blockwürfel mit 1 000 000 Würfeln kennenlernen

1 Würfel	1 Stange	1 Platte	1 Block	1 Blockstange	1 Blockplatte
1 Einer	1 Zehner	1 Hunderter	1 Tausender	1 Zehntausender	1 Hunderttausender
	1 Z = 10 E	1 H = 10 Z	1 T = 10 H	1 ZT = 10 T	1 HT = 10 ZT

1 Betrachte den Zusammenhang zwischen Würfel, Stange, Platte, Block, Blockstange, Blockplatte und Blockwürfel.

a) Ein Block hat ■ Platten, □ Stangen oder □ kleine Würfel.

b) Eine Blockstange hat □ Blöcke, □ Platten, □ Stangen oder □ kleine Würfel.

c) Eine Blockplatte hat □ Blockstangen, □ Blöcke, □ Platten, □ Stangen oder □ kleine Würfel.

d) Ein Blockwürfel hat □ Blockplatten, □ Blockstangen, □ Blöcke, □ Platten, □ Stangen oder □ kleine Würfel.

Seite 17 Aufgabe 1
a) Ein Block hat ... Platten, ...
b) ...

★ SF: mithilfe des Mehrsystemmaterials die Struktur des Zehnersystems bis 1 000 000 erkennen und beschreiben

1 Bestimme für jedes Bild die Anzahl der Zehntausender, Tausender, Hunderter, Zehner und Einer. Schreibe dein Ergebnis jeweils in eine Stellentafel und als Zahl. Schreibe auch die passende Additionsaufgabe dazu.

a) 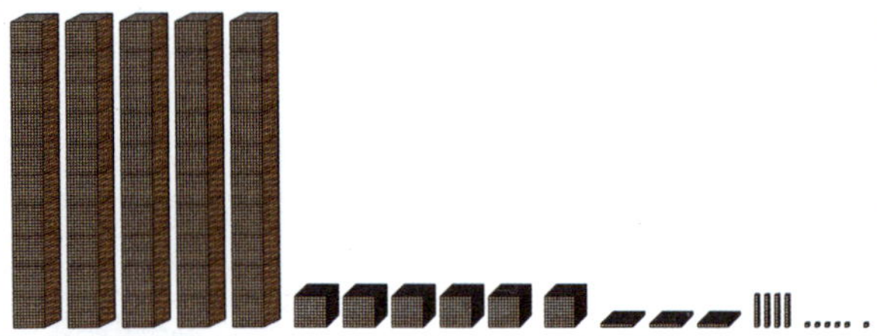

Seite 18 Aufgabe 1

a) 5 ZT 6 T 3 H 4 Z 6 E

ZT	T	H	Z	E
5	6	3	4	6

56346

50000 + 6000 + 300 + 40 + 6 = ...

b) ...

b) 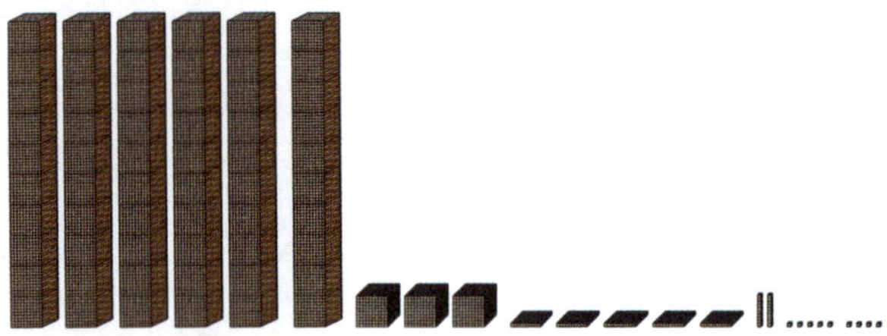

c) 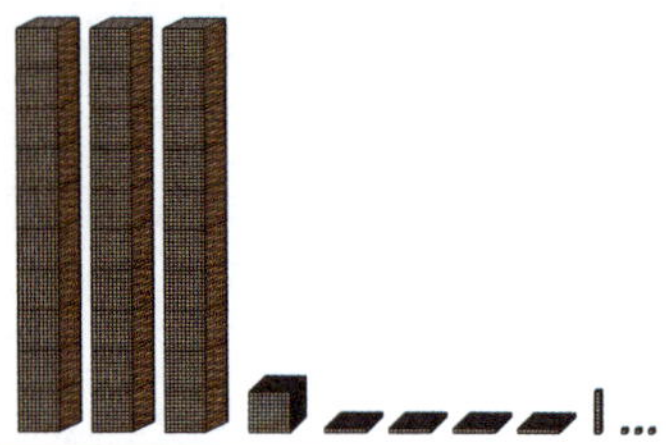

d) 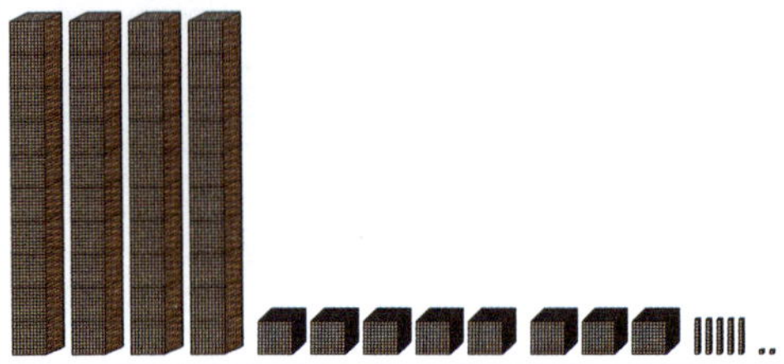

e) 

2 Stelle als Additionsaufgabe dar.
Du kannst die Zahlen auch zuerst legen.

Seite 18 Aufgabe 2

a) 30000 + 2000 + 100 + 40 + 5 = ...

b) ...

a) 3ZT 2T 1H 4Z 5E

b) 7ZT 0T 8H 1Z 9E

c)

ZT	T	H	Z	E
2	5	3	0	1

d)

ZT	T	H	Z	E
8	7	0	3	0

e) 40518

f) 98201

g) 61998

h) 17420

B

★ mit Mehrsystemmaterial dargestellte Zahlen bis 100 000 in Stellenschreibweise, in der Stellentafel, als Zahl und als Additionsaufgabe notieren ★ in unterschiedlichen Zahldarstellungen vorgegebene Zahlen bis 100 000 in Additionsaufgaben übertragen

1 Bestimme für jedes Bild die Anzahl der Hunderttausender, Zehntausender, Tausender, Hunderter, Zehner und Einer. Schreibe dein Ergebnis jeweils in eine Stellentafel und als Zahl. Schreibe auch die passende Additionsaufgabe dazu.

a) 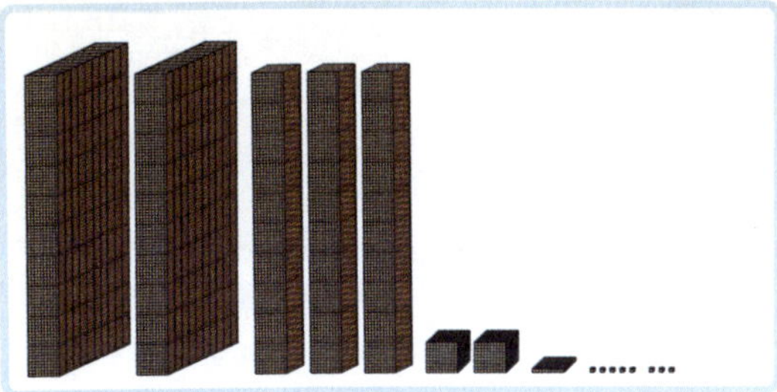

Seite 19 Aufgabe 1

a) 2 HT 3 ZT 2 T 1 H 0 Z 8 E

HT	ZT	T	H	Z	E
2	3	2	1	0	8

232108

200000 + 30000 + 2000 + 100 + 8 = ...

b) ...

b) 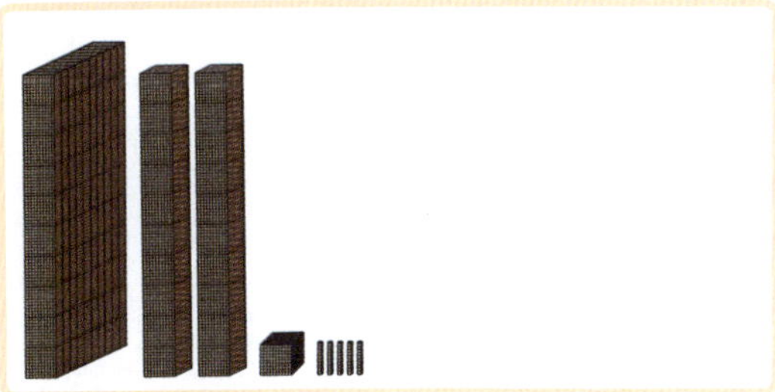

c) 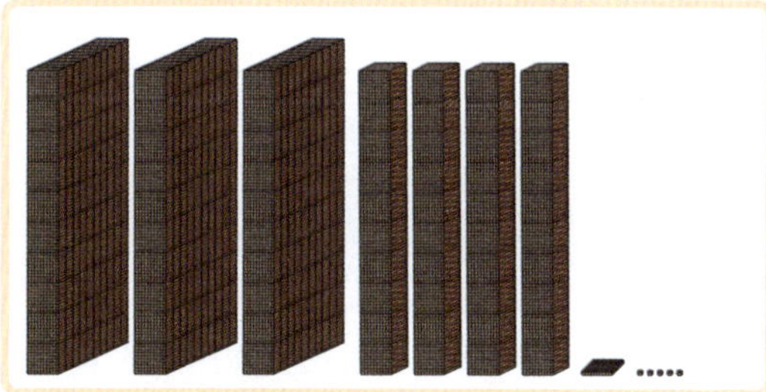

d) 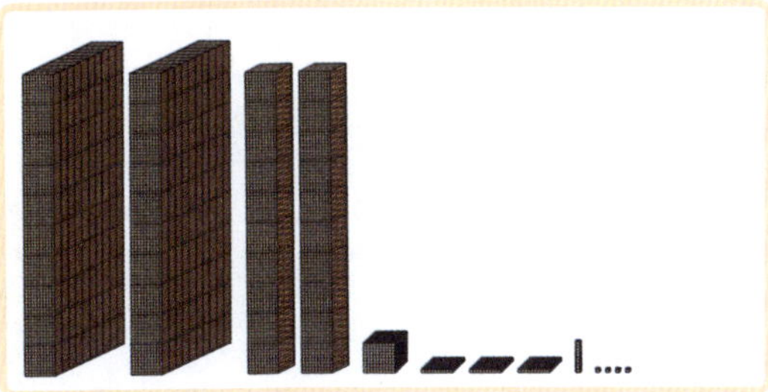

e) 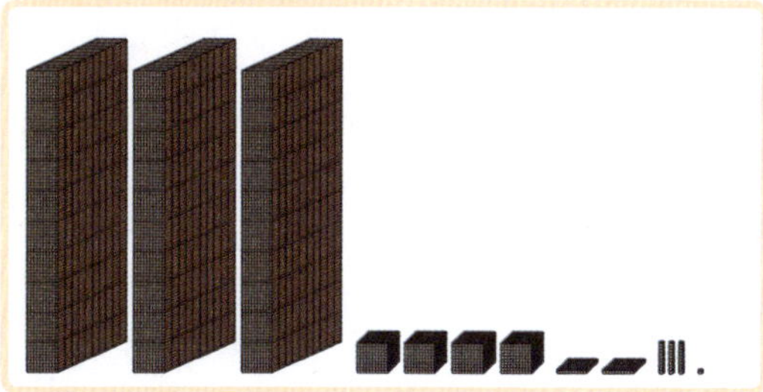

2 Stelle als Additionsaufgabe dar.
Du kannst die Zahlen auch zuerst legen.

a) 4HT 8ZT 2T 1H 3Z 5E

Seite 19 Aufgabe 2

a) ...

b) 7HT 0ZT 5T 3H 1Z 2E

c)

HT	ZT	T	H	Z	E
5	2	5	5	0	0

d)

HT	ZT	T	H	Z	E
7	5	0	0	2	5

e) 941 917

f) 605 830

g) 821 012

h) 390 752

2 Zahlen in der Stellentafel darstellen und verändern

1 Schreibe die dargestellten Zahlen auf.

a) 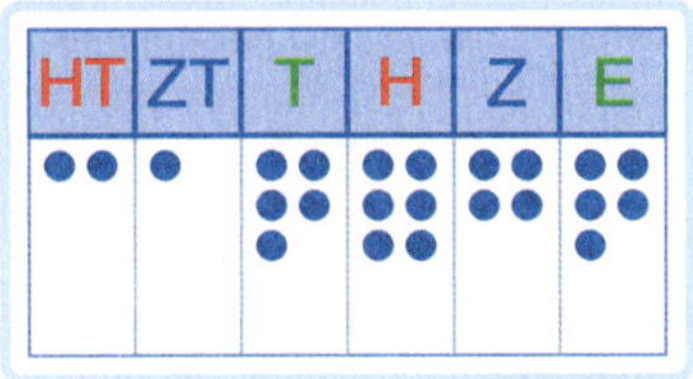

b) 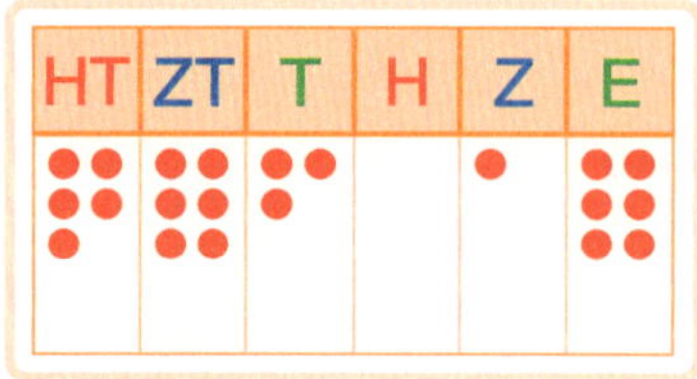

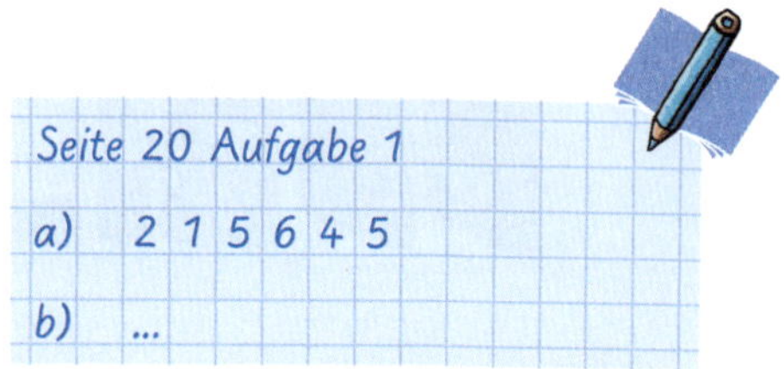

c) 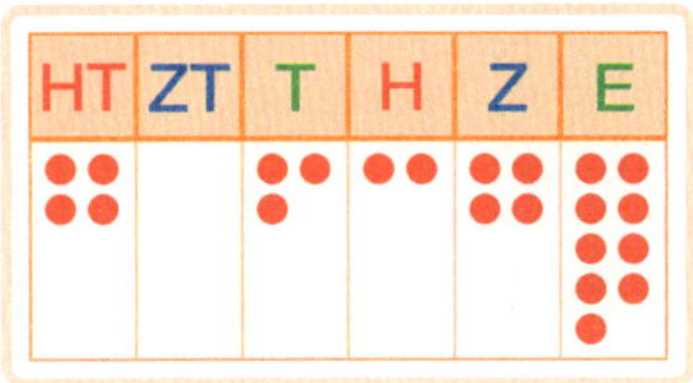

d) 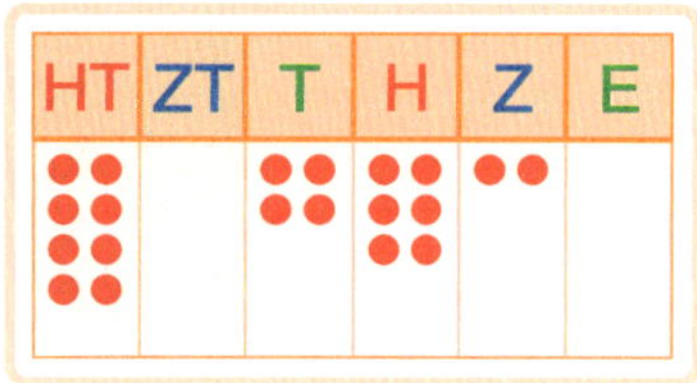

2 Zeichne, wie du die Zahlen mit Plättchen darstellst.

a) 341 802

b) 517 654

c) 402 750

d) 721 003

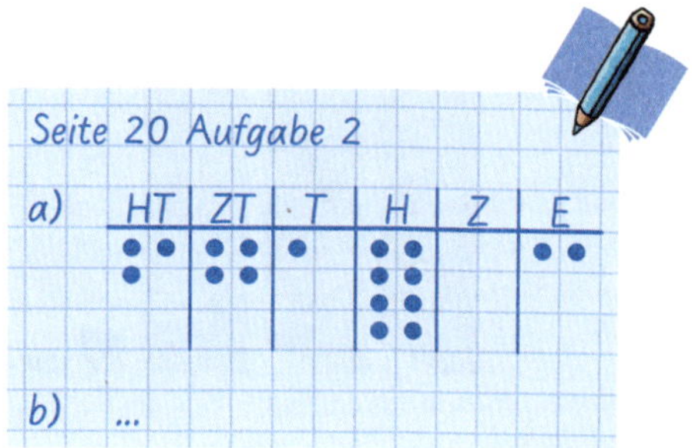

3 Notiere zuerst die dargestellte Zahl. Schreibe auf, welche Zahl daraus jeweils entsteht.

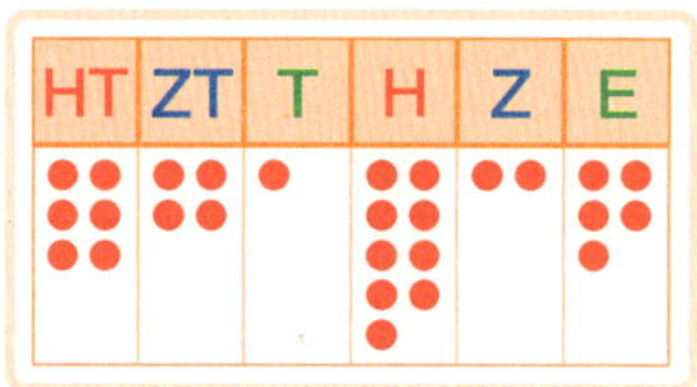

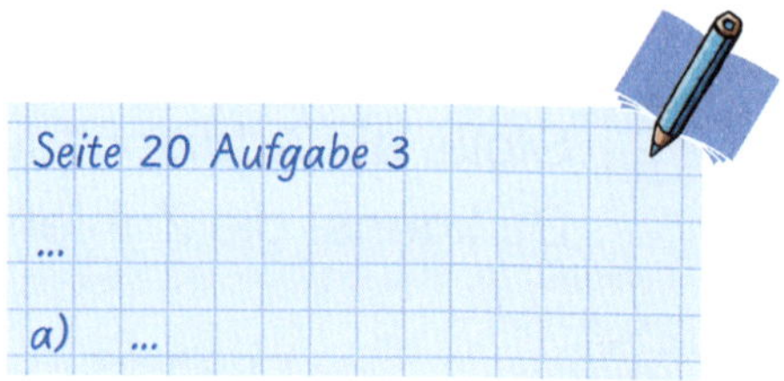

a) Lege an der Zehntausenderstelle ein Plättchen dazu.

b) Nimm an der Tausenderstelle ein Plättchen weg.

c) Verschiebe ein Plättchen von der Einerstelle zur Tausenderstelle.

d) Lege an der Hunderterstelle ein Plättchen dazu.

e) Halbiere die Anzahl der Plättchen an der Hunderttausenderstelle.

f) Verdopple die Anzahl der Plättchen an der Einerstelle.

* mit Plättchen in der Stellentafel dargestellte Zahlen bis 1 000 000 ablesen und notieren
* Zahlen mit Plättchen in der Stellentafel darstellen
* mit Plättchen in der Stellentafel dargestellte Zahlen nach Vorgabe verändern und notieren

200 000
40 000
1 000
300
60
5

241 tausend 365

zweihunderteinundvierzigtausend-dreihundertfünfundsechzig

241 365

1 Schreibe die Zahlwörter als Zahlen.

a) einundzwanzigtausendfünfhundertdreiundvierzig

b) fünfundsechzigtausendneunhundertfünfzehn

c) vierhundertzehntausenddreihundertsiebzig

d) dreihundertsiebenundneunzigtausendachthundertfünf

Seite 21 Aufgabe 1
a) 2 1 5 4 3 b) ...

2 Schreibe als Zahlwörter.

a) 3HT 2ZT 4T 8H 7Z 1E

b) 7HT 0ZT 5T 4H 0Z 5E

c) 74 215

d) 200 408

Seite 21 Aufgabe 2
a) dreihundertvierundzwanzigtausend-achthunderteinundsiebzig
b) ...

3 Diktiert euch gegenseitig diese Zahlen. Kontrolliert gemeinsam.

a) 36 417

b) 137 598

c) 888 444

d) fünfhundertachtzehntausendvierhundertsieben

e) zweihundertvierzigtausendfünfhundertdreiundachtzig

f) neunhundertdreiundsechzigtausendsiebenhundertachtundneunzig

Seite 21 Aufgabe 3
a) 3 6 4 1 7 b) ...

4 Nenne Zahlen. Ein anderes Kind zeigt sie mit dem Zahlenschieber. Wechselt auch die Rollen.

931 803

neunhundert-einunddreißigtausend-achthundertdrei

* SF: Sprech- und Schreibweise von sechsstelligen Zahlen bewusst machen und anwenden
* Zahlen bis 1 000 000 am Zahlenschieber darstellen

1 Schreibe die markierten Zahlen auf.

a)

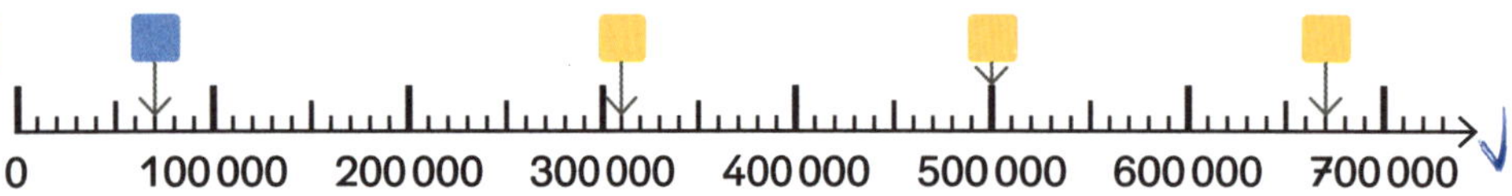

b)

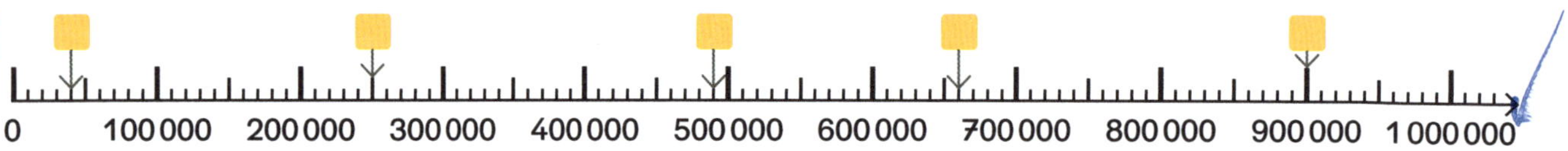

c)

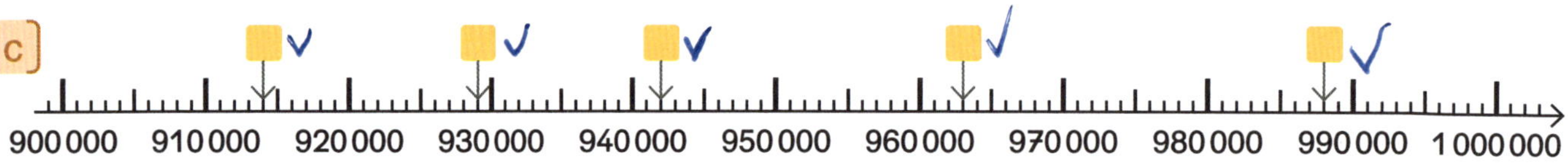

2 Bestimme, in welche Schritte der Zahlenstrahl eingeteilt ist.

1. Zehnerschritte | Hunderterschritte 2.

3. Tausenderschritte | Zehntausenderschritte 4.

Schreibe dann die markierten Zahlen auf.

a)

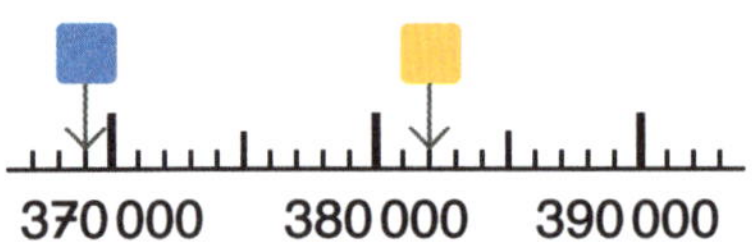

b)

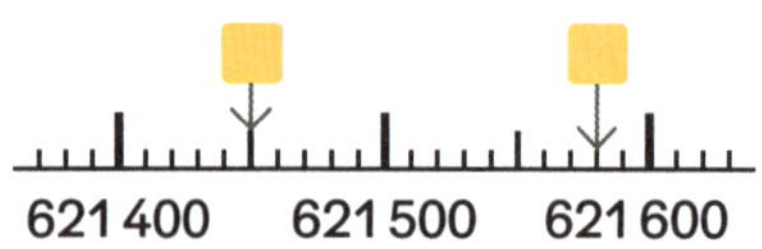

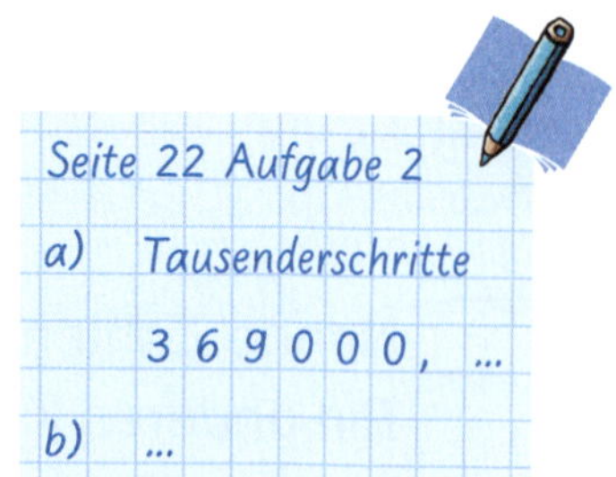

c)

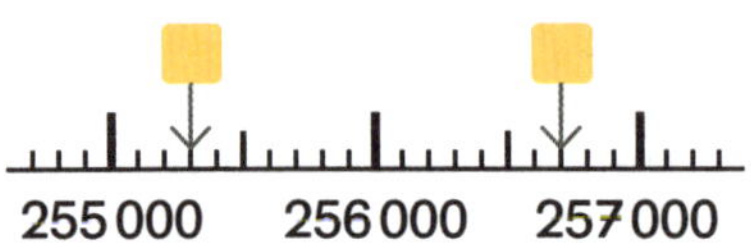

d)

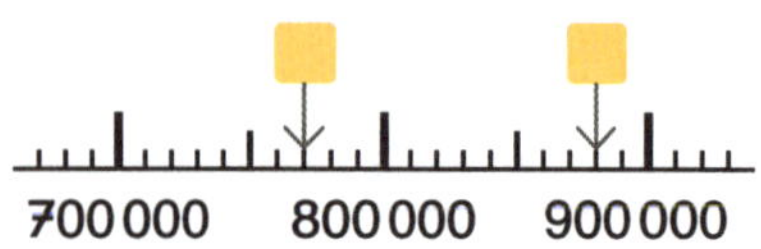

e)

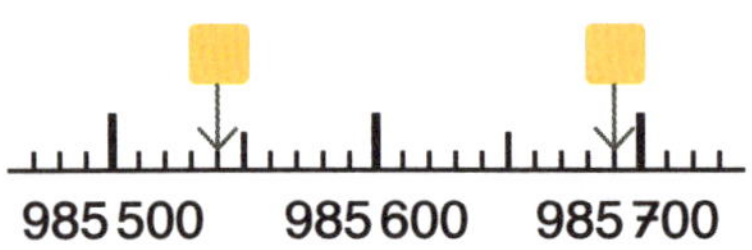

f)

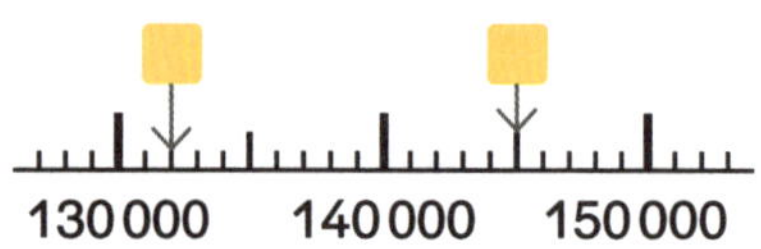

⋆ Zahlen am Zahlenstrahl ablesen ⋆ **MK:** Strukturen bei unterschiedlichen Skalen an Zahlenstrahlen erkennen und nutzen, markierte Zahlen ablesen

Nachbarzehntausender und Nachbarhunderttausender bestimmen

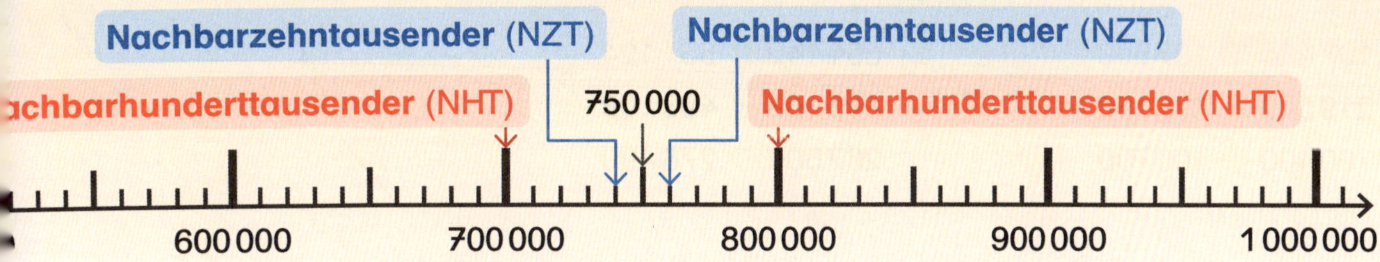

1 Schreibe die Nachbarzehntausender (NZT) auf.
Markiere den näher liegenden Zehntausender blau.

a) 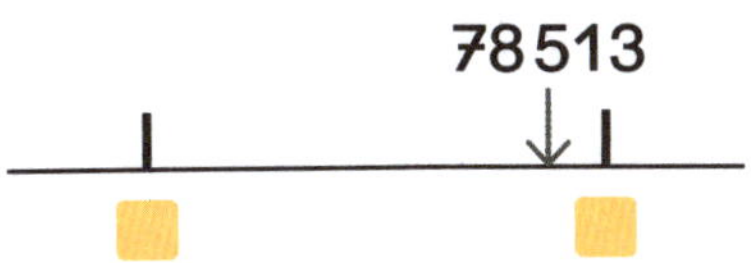

b) 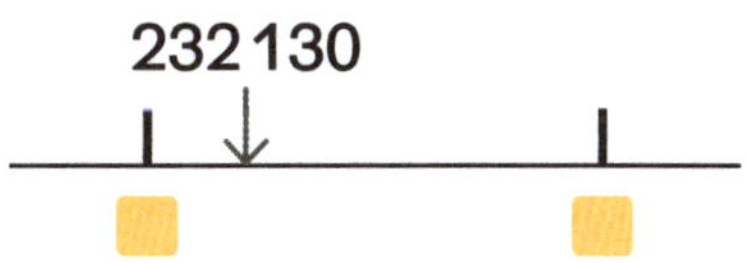

c) 

d) 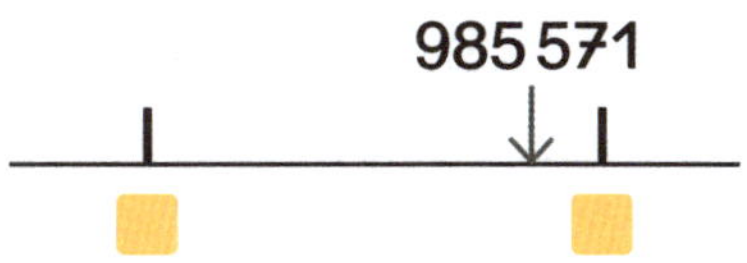

2 Schreibe die Nachbarhunderttausender (NHT) auf.
Markiere den näher liegenden Hunderttausender rot.

a) 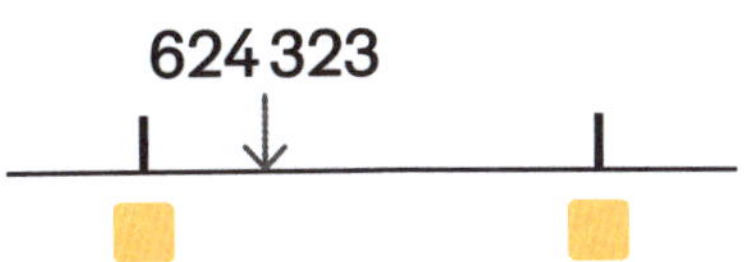

b) 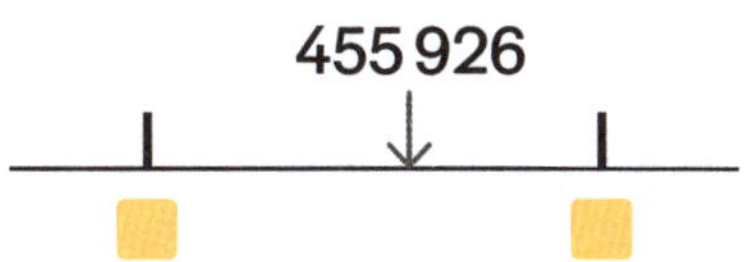

3 Übertrage die Tabelle in dein Heft. Trage die Nachbarzahlen ein.
Markiere die näher liegende Nachbarzahl:
Nachbarzehntausender blau, Nachbarhunderttausender rot.

NHT	NZT	Zahl	NZT	NHT
		426 831		
		871 215		
		569 327		
		38 999		

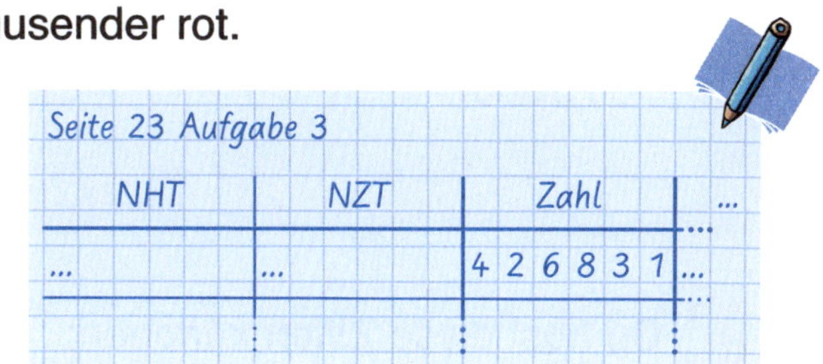

4 Schreibe mindestens drei Zahlen auf, die alle …

a) … den gleichen Nachbarzehntausender und Nachbarhunderttausender haben.

b) … den gleichen Nachbartausender und Nachbarzehntausender haben.

★ Nachbarzehntausender und -hunderttausender bestimmen und jeweils näher bei der Ausgangszahl liegende Zahl markieren ★ Zahlen finden, die den gleichen Nachbarzehntausender und -hunderttausender bzw. -tausender und -zehntausender haben

ÜH 8 AH 10

1 Setze die Zeichen <, > oder = passend ein.

a) 107 480 ● 107 500
219 510 ● 291 150
700 400 ● 400 700

b) 551 142 ● 551 124
493 108 ● 493 108
267 500 ● 276 490

Seite 24 Aufgabe 1
a) 107480 < 107500
⋮
b) ...

2 Setze passende Ziffern ein und schreibe die Ungleichungen auf.

a) ■3 415 > ■3 415
5■568 < 5■568
74■72 > 74■72

b) ■06 459 < ■06 495
5■7 300 > 5■7 400
35■2■0 < 35■230

Seite 24 Aufgabe 2
a) 63415 > 23415
⋮
b) ...

3 Schreibe für jeden Platzhalter alle möglichen Ziffern auf.

a) ■3 425 > 15 182

b) ■13 412 > 107 698

c) 2■693 < 21 742

d) 625 306 < 625■05

e) 46 525 > 46■17

f) 8■4 519 > 861 342

Seite 24 Aufgabe 3
a) 2, 3, 4, ...
b) ...

4 Ordne die Zahlen der Größe nach.
Beginne mit …

a) … der kleinsten Zahl.

65 076
75 660 57 606

b) … der größten Zahl.

123 213
132 321 231 123

Seite 24 Aufgabe 4
a) 57606 < ...
b) ...

5 Du hast diese Ziffernkärtchen:
3 5 6 8 1 7.

a) Bilde mindestens sechs beliebige sechsstellige Zahlen.
Verwende jedes Ziffernkärtchen jeweils nur einmal.

b) Umrande oder ergänze die kleinstmögliche sechsstellige Zahl blau.

c) Umrande oder ergänze die größtmögliche sechsstellige Zahl rot.

Seite 24 Aufgabe 5
a) ...

★ Zahlen vergleichen und passende Relationszeichen notieren ★ in vorgegebenen Ungleichungen mögliche fehlende bzw. alle möglichen fehlenden Ziffern ermitteln ★ Zahlen der Größe nach ordnen ★ aus Ziffernkärtchen nach Vorgabe sechsstellige Zahlen bilden

1 Suche dir ein anderes Kind.
Zählt in den angegebenen Schritten.
Wechselt euch beim Sprechen ab.

in Zehnerschritten von 220 500 bis 220 600	in Hunderterschritten von 950 950 bis 949 750
in Tausenderschritten von 765 250 bis 775 250	in Zehntausenderschritten von 525 000 bis 425 000

in ...schritten von ... bis ...

2 Setze die Zahlenfolgen fort.

a) immer +10
263 385 ▢ ▢ ▢ ▢ 263 435

b) immer +100
473 880 ▢ ▢ ▢ ▢ 474 380

c) immer +1 000
386 142 ▢ ▢ ▢ ▢ 391 142

d) immer −10
138 030 ▢ ▢ ▢ ▢ 137 980

e) immer −100
175 274 ▢ ▢ ▢ ▢ 174 774

f) immer −1 000
272 420 ▢ ▢ ▢ ▢ 267 420

Seite 25 Aufgabe 2
a) 2 6 3 3 8 5, 2 6 3 3 9 5, ...
b) ...

3 Bestimme zuerst die Schritte. Setze dann die Zahlenfolgen fort.

a) 35 000, 34 000, 33 000 … 26 000
b) 163 000, 153 000, 143 000 … 83 000
c) 967 000, 867 000, 767 000 … 67 000
d) 60 500, 110 500, 160 500 … 560 500
e) 897 995, 897 996, 897 997 … 898 005
f) 700 006, 700 005, 700 004 … 699 997

Seite 25 Aufgabe 3
a) immer −1000
3 5 0 0 0, 3 4 0 0 0, ...
b) ...

★ Zahlenfolgen mit verschiedenen Schrittfolgen vorwärts und rückwärts bilden und fortsetzen
★ **MK:** Schrittfolgen und Strukturen in Zahlenfolgen erkennen und Zahlenfolgen entsprechend fortsetzen

Beim Runden wird immer der Nachbarzehner, -hunderter, -tausender ... angegeben, der näher bei der Zahl liegt.

Bei 5 Einern, Zehnern, Hundertern, Tausendern ... wird immer auf den nächsthöheren Zehner, Hunderter, Tausender, Zehntausender ... gerundet.

auf Zehner gerundet:	315 672 ≈ 315 670
auf Hunderter gerundet:	315 672 ≈ 315 700
auf Tausender gerundet:	315 672 ≈ 316 000
auf Zehntausender gerundet:	315 672 ≈ 320 000
auf Hunderttausender gerundet:	315 672 ≈ 300 000

1 Runde jeweils die Ausgangszahl erst auf Hunderter, dann auf Tausender, dann auf Zehntausender und schließlich auf Hunderttausender.

Zahl	H	T	ZT	HT
847 542				
524 325				
170 858				
800 099				
275 051				

Seite 26 Aufgabe 1
8 4 7 5 4 2: 8 4 7 5 0 0, ...
⋮

2 Runde die Zahlen in folgenden Angaben. Entscheide jeweils, auf welche Stelle du rundest.

a) 60 449 Fans waren am Wochenende im Fußballstadion.

b) Der Mont Blanc ist mit 4 810 m der höchste Berg Europas.

c) Für ein Konzert wurden 21 997 Karten verkauft.

d) Von München nach Berlin sind es 587 km.

e) Die Wohnung kostet 249 890 Euro.

f) 2022 wohnten 992 666 Personen im Saarland.

Seite 26 Aufgabe 2
a) ≈ ... b) ...

3 Vergleicht eure Ergebnisse bei Aufgabe 2. Besprecht eure Überlegungen.

4 Findet Beispiele, bei denen genaue Zahlenangaben wichtig sind, und welche, bei denen gerundete Zahlenangaben ausreichen.

★ Regeln beim Runden von Zahlen auf unterschiedliche Stellen anwenden
★ aufgaben- und kontextbezogen auf unterschiedliche Stellen runden, **SF:** Auswahl begründen
★ **SF:** Beispiele finden, bei denen Zahlen exakt bzw. gerundet angegeben werden sollten

1 Löse die Zahlenrätsel.

Meine Zahl hat 5 Tausender, 0 Hunderter, 4 Zehner und 8 Einer.

Meine Zahl ist die größte sechsstellige Zahl.

Meine Zahl ist die kleinste ungerade Zahl zwischen 100 000 und 200 000.

Meine Zahl hat nur vier Zehntausender, doppelt so viele Hunderter und zwei Einer.

Meine Zahl liegt genau in der Mitte zwischen 150 000 und 160 000.

Meine Zahl ist fünfstellig. Sie hat 2 Einer, 4 Zehner, 5 Hunderter, 6 Tausender. Ich kann sie auf 40 000 runden.

Seite 27 Aufgabe 1
Patrick: ...
⋮

2 Schreibe selbst ein Zahlenrätsel für ein anderes Kind.

Seite 27 Aufgabe 2
...

3 Löse die Aufgaben zu den Zahlen in der Kiste alleine oder mit einem anderen Kind. Begründe deine Überlegungen.

Seite 27 Aufgabe 3
a) ...

a Wie viele Zahlenkärtchen können höchstens in der Kiste sein?

b Finde mindestens zehn Zahlen, die genau drei gleiche Ziffern haben.

c Welche Zahlen kann man auf 150 550 runden?

d Welche Zahl in der Kiste hat zwei Einer, doppelt so viele Zehner und viermal so viele Hunderter?

e Welche Zahlen haben doppelt so viele Hunderter wie Einer und halb so viele Zehner wie Einer?

f Wie viele gerade Zahlen sind in der Kiste?

★ SF: Zahlenrätsel lösen und erstellen
★ SF: zu vorgegebenen Fragen passende Zahlen finden, Überlegungen begründen

1 Entdeckt Beispiele für die oben abgebildeten Körperformen in eurer Umwelt.

2 Schreibe zu jeder Beschreibung einen passenden geometrischen Körper auf.

a) 6 Flächen, 8 Ecken, 12 Kanten

b) 1 Fläche, 0 Ecken, 0 Kanten

c) 6 quadratische Flächen

d) 3 Flächen, 0 Ecken, 2 Kanten

e) 2 Flächen, 1 Ecke, 1 Kante

f) 5 Flächen, 5 Ecken, 8 Kanten

g) 5 Flächen, 6 Ecken, 9 Kanten

h) jeweils 4 Kanten sind gleich lang

i) gegenüberliegende Flächen sind jeweils gleich

3 Finde alle richtigen Aussagen.

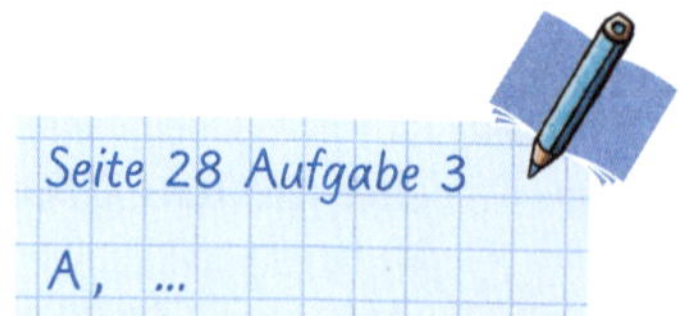

A Ein Zylinder hat zwei kreisförmige Flächen.
B Ein Kegel hat mehr als eine Ecke.
C Ein Quader ist auch ein Prisma.
D Ein Prisma ist auch eine Pyramide.
E Jeder Würfel ist ein Quader.
F Eine Pyramide ist auch ein Kegel.

4 Beschreibt Eigenschaften von Kegel und Pyramide.
Findet Gemeinsamkeiten und Unterschiede.

★ Beispiele für verschiedene Körperformen im Alltag finden ★ **SF:** zu Beschreibungen mit Fachbegriffen jeweils einen geometrischen Körper finden ★ Aussagen zu Eigenschaften von geometrischen Körpern bewerten ★ **SF:** Eigenschaften von Pyramide und Kegel beschreiben

5 Benenne die Körper.
Ordne jedem Körper das passende Netz zu.

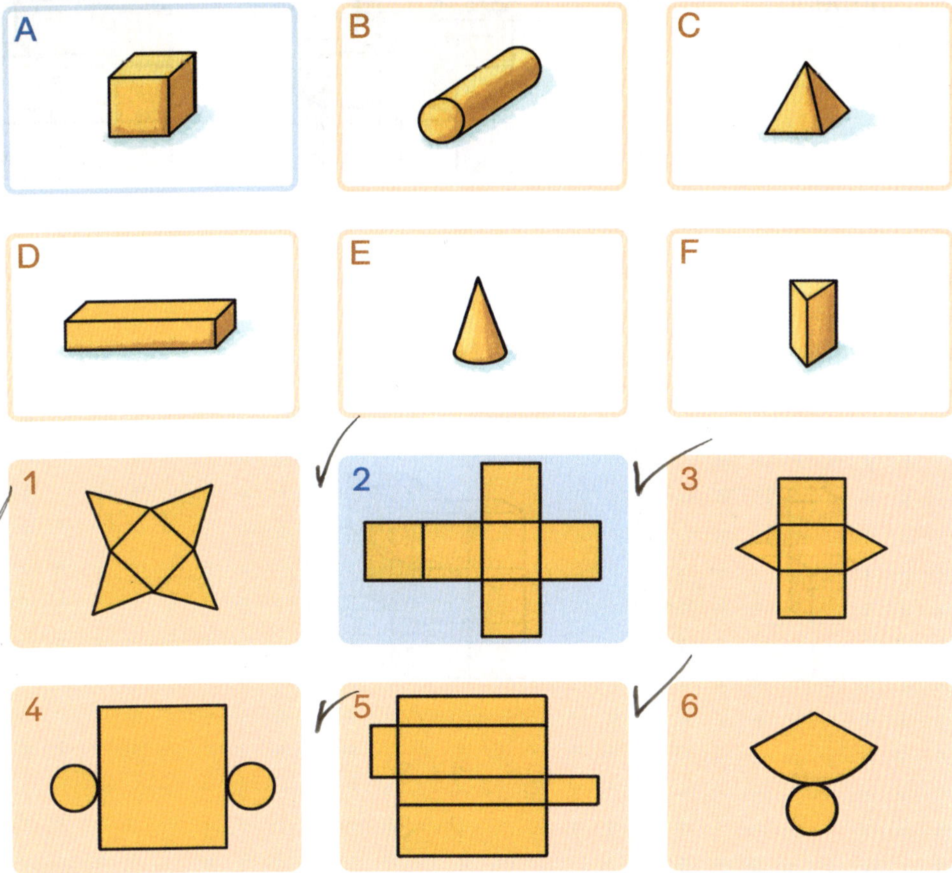

Seite 29 Aufgabe 5
A : Würfel – 2
B : ...

6 Löse die Körper-Rätsel.

Seite 29 Aufgabe 6
Mai-Lin: ...
⋮

7 Schreibe Körper-Rätsel für ein anderes Kind.
Verwende dabei Fachbegriffe.

Ecke | Kante | Grundfläche | Seitenfläche

Seite 29 Aufgabe 7
...

3 Würfelbauten und Baupläne erstellen

1 Baut die beiden abgebildeten Würfelbauten mit Steckwürfeln oder mit Holzwürfeln nach. Vergleicht diese anschließend. Beschreibt Unterschiede und Gemeinsamkeiten.

2 Ordne jedem Würfelbau den passenden Bauplan zu.

A

B
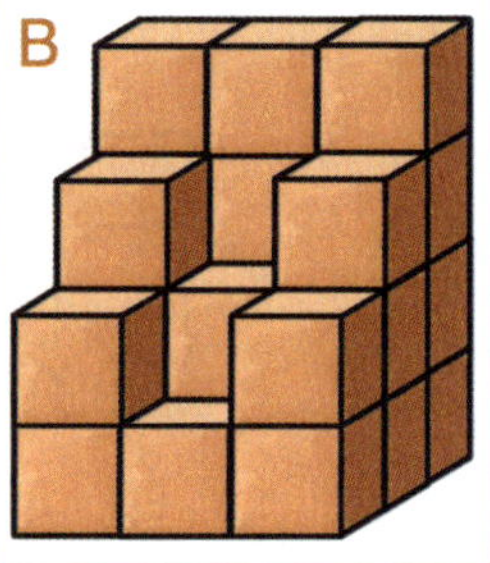

C

1

4	4	4
3	2	3
2	1	2

2

4	2	3
3	2	1
1	0	0

3

1	3	2
2	3	1
3	3	0

Seite 30 Aufgabe 2
A – …
⋮

3 Erstelle zu jedem Würfelbau einen passenden Bauplan.

a)

b)

c)

Seite 30 Aufgabe 3

a) 3	…	…
…	…	…
…	…	…

b) …

4 Erstelle passende Baupläne.

a)

b) Kippe den Würfelbau aus a) in deiner Vorstellung nach hinten.

Seite 30 Aufgabe 4
a) …

★ **SF:** abgebildete Würfelbauten nachbauen, Unterschiede und Gemeinsamkeiten beschreiben
★ Würfelbauten und Baupläne passend zuordnen
★ zu vorgegebenen Würfelbauten Baupläne erstellen

Schrägbilder im Gitterraster zeichnen

Damit die nach hinten verlaufenden Würfelkanten sichtbar sind, zeichne ich sie schräg ein. Ich zeichne diese Kanten ungefähr halb so lang wie die anderen. Eine solche Abbildung heißt **Schrägbild**.

1 Zeichne die begonnenen Schrägbilder ab. Vervollständige sie zu Würfeln.

a) b) c) d)

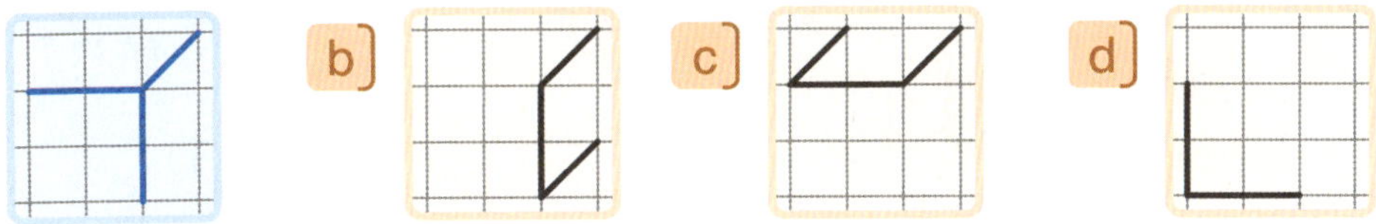

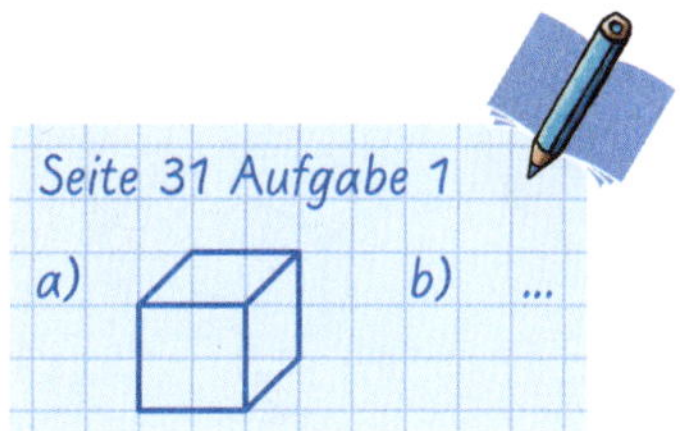

2 Zeichne die als Schrägbilder dargestellten Würfelbauten ab.

a) b) c) d)

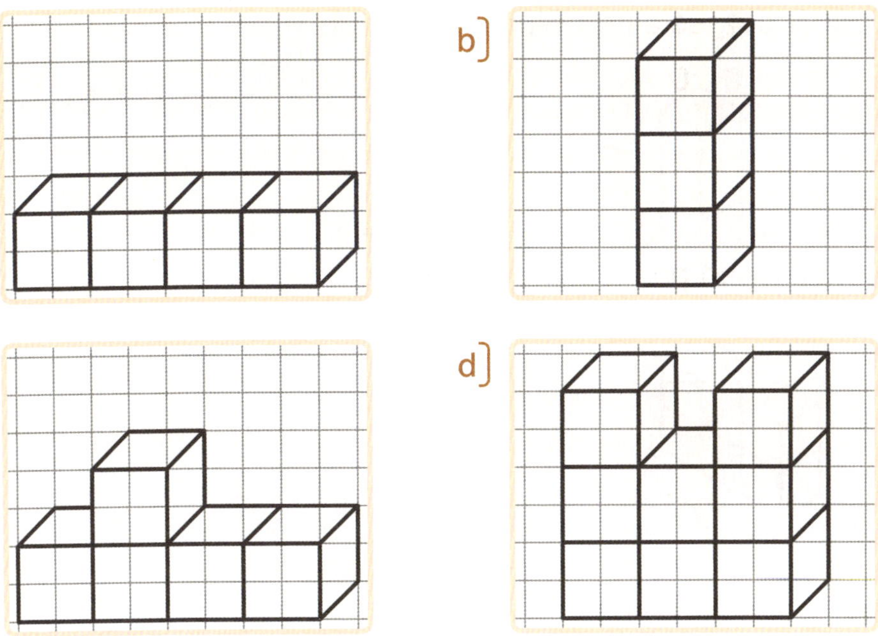

3 Zeichne den abgebildeten Würfelbau als Schrägbild …

a) … von vorn.
b) … von hinten.
c) … von links.
d) … von rechts.

★ im Gitterraster begonnene Schrägbilder abzeichnen und zu Würfeln vervollständigen ★ im Gitterraster dargestellte Schrägbilder von Würfelbauten abzeichnen ★ zu einem vorgegebenen Würfelbau das Schrägbild aus verschiedenen Betrachtungsrichtungen im Gitterraster zeichnen

1 Zeichne die begonnenen Schrägbilder ab.
Vervollständige sie zu Würfeln.

a) b) c) d)

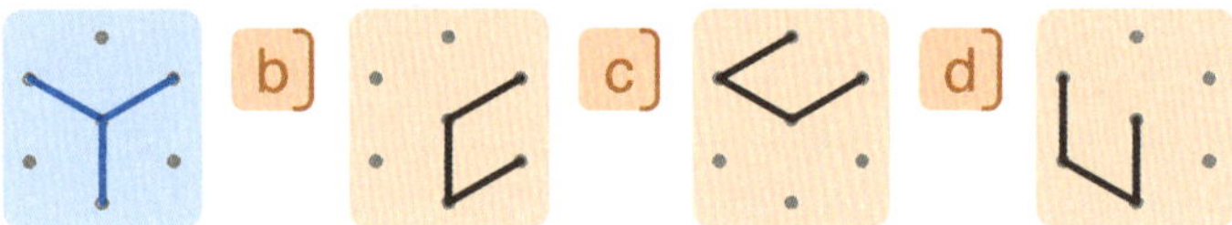

2 Vergleicht die in Aufgabe 1 gezeichneten Würfel
mit den zu Seite 31 in Aufgabe 1 im Gitterraster gezeichneten Würfeln.

3 Zeichne die als Schrägbilder dargestellten Würfelbauten ab.

a) b) c) d)

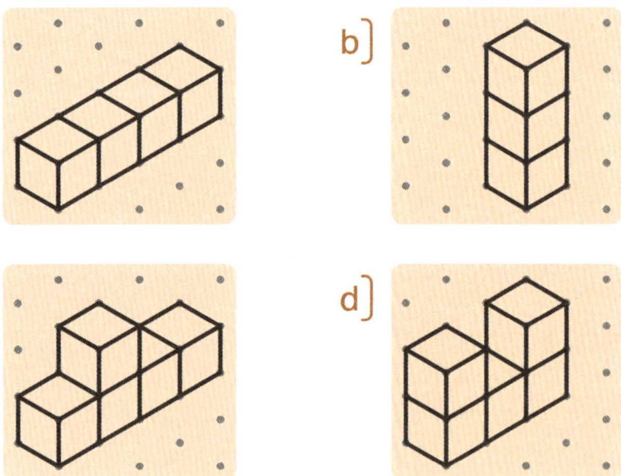

4 Zeichne die abgebildeten Würfelbauten
als Schrägbilder im Punkteraster.

a) b)

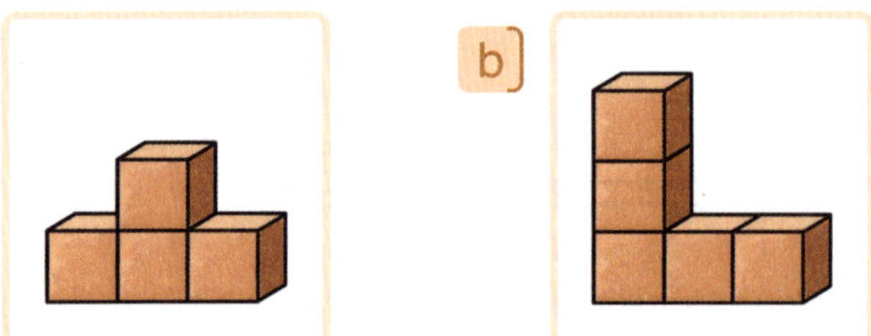

★ im Punkteraster begonnene Schrägbilder abzeichnen, vervollständigen, mit im Gitterraster gezeichneten vergleichen ★ im Punkteraster dargestellte Schrägbilder von Würfelbauten abzeichnen ★ Würfelbauten im Punkteraster als Schrägbilder zeichnen

1 Wähle einen Würfelbau aus.
Zeichne ihn als Schrägbild
aus den angegebenen Richtungen.

a)

A von vorn links
B von vorn rechts
C von hinten links
D von hinten rechts

b)

A von vorn links
B von vorn rechts
C von hinten links
D von hinten rechts

Seite 33 Aufgabe 1
... A ...
⋮

2 Wähle einen Bauplan aus.
Zeichne zum vorgegebenen
Bauplan den Würfelbau
als Schrägbild aus den
angegebenen Richtungen.

a

A von vorn links
B von vorn rechts
C von hinten links
D von hinten rechts

b

A von vorn links
B von vorn rechts
C von hinten links
D von hinten rechts

Seite 33 Aufgabe 2
... A ...
⋮

★ zu einem vorgegebenen Würfelbau das Schrägbild aus verschiedenen Betrachtungsrichtungen im Punkteraster zeichnen ★ zu einem vorgegebenen Bauplan das Schrägbild des Würfelbaus aus verschiedenen Betrachtungsrichtungen im Punkteraster zeichnen

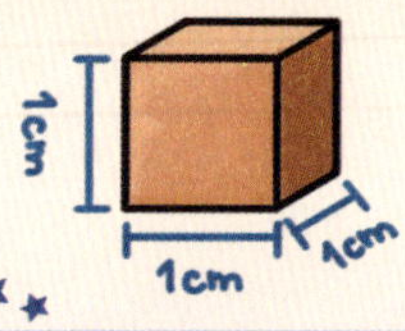

Beim **Einheitswürfel** sind alle Kanten 1 cm lang.

Das Fassungsvermögen von Körpern wird **Rauminhalt** genannt.
Um den Rauminhalt von Quadern zu bestimmen, kann man den Quader vollständig mit Einheitswürfeln auslegen. Die Anzahl der Einheitswürfel gibt dann den Rauminhalt an.

1 Bestimme jeweils den Rauminhalt des Quaders.

Seite 34 Aufgabe 1
a) ... Würfel
b) ...

a) 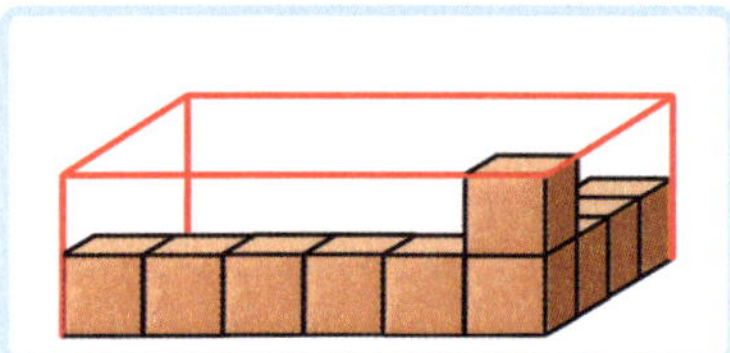

b) 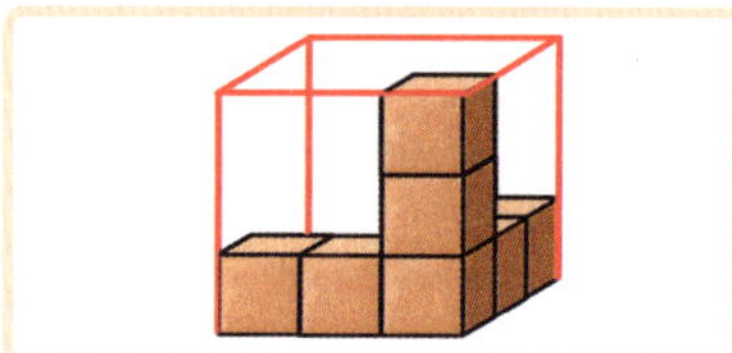

c) 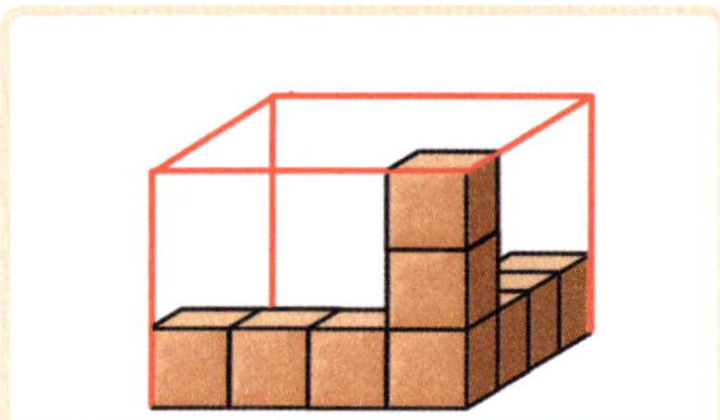

d) 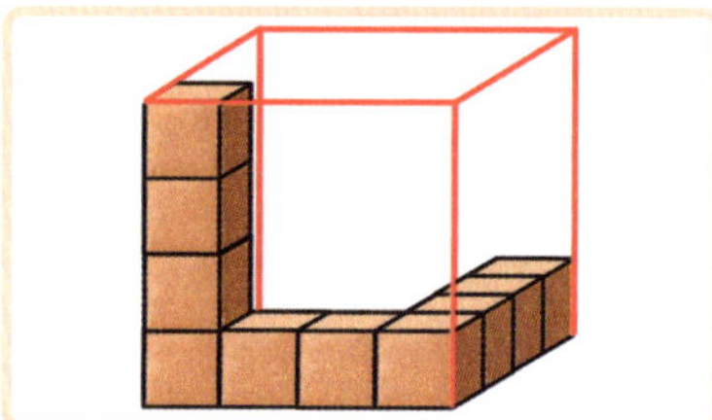

e) 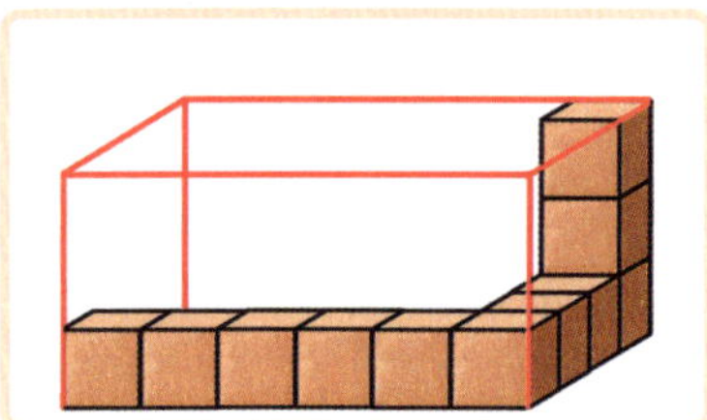

f) 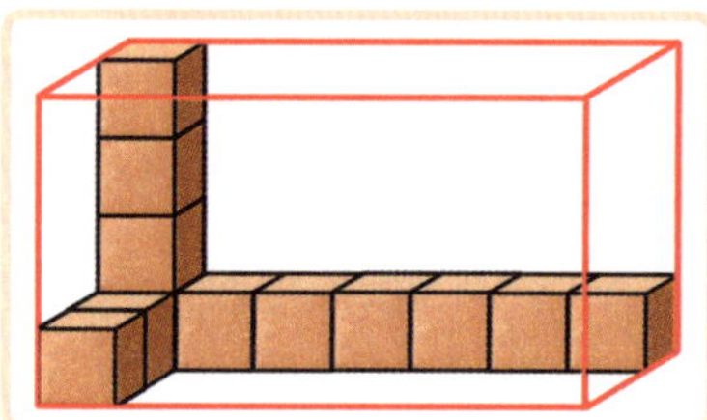

2 Schätzt zuerst, welcher Quader den größeren Rauminhalt hat.
Beschreibt, wie ihr vorgeht. Überprüft eure Schätzergebnisse.
Bestimmt dazu den Rauminhalt beider Quader genau.

A 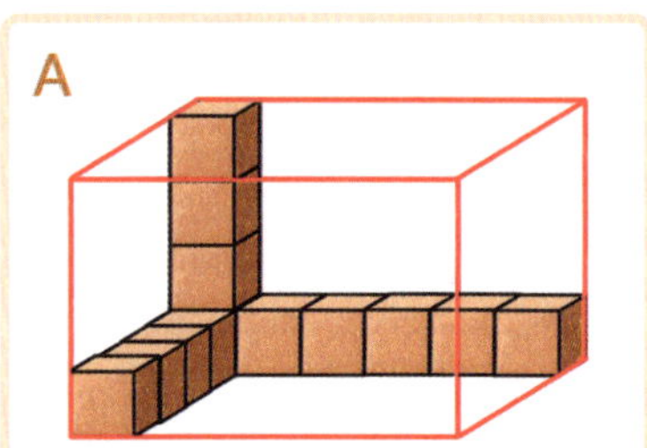

B 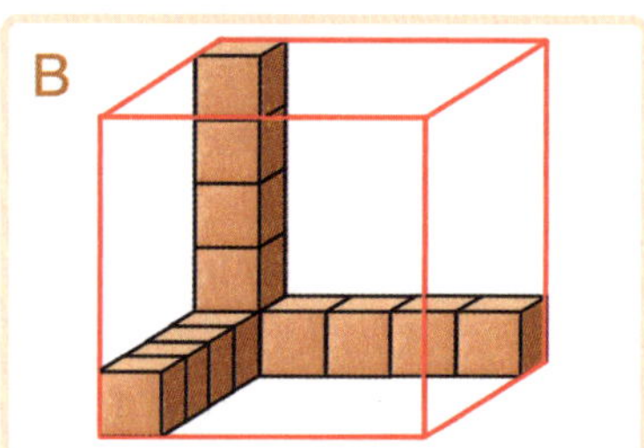

D 9

★ den Rauminhalt von Quadern anhand der Anzahl der Einheitswürfel angeben
★ **SF:** Überlegungen und Vorgehensweisen beim Schätzen von Rauminhalten mit einem anderen Kind austauschen und Schätzergebnisse überprüfen

1 Bestimme die Anzahl der fehlenden Würfel.

a)
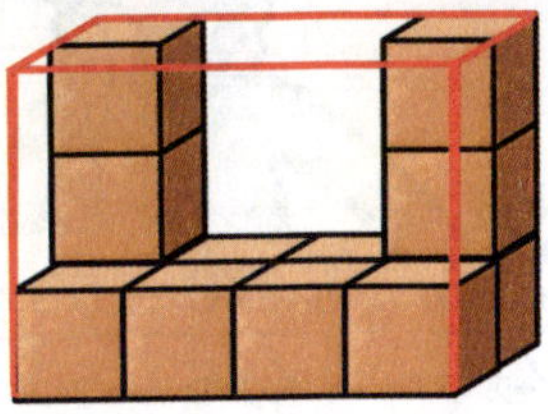

b)
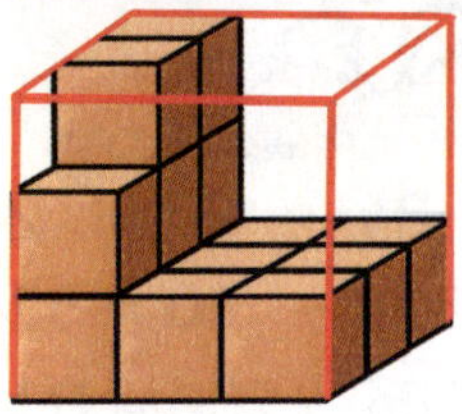

Seite 35 Aufgabe 1
a) Es fehlen noch
... Würfel.
b) ...

2 Ordne jeweils zwei Würfelbauten einander zu, sodass sie zusammen einen Quader ergeben.

A

B

C

1

2

3

Seite 35 Aufgabe 2
A – ...
⋮

3 Ergänze im Kopf zu einem Quader mit drei Schichten.
Erstelle dann jeweils einen passenden Bauplan für den fehlenden Teil, den du umgedreht oben aufsetzen musst.

a

3	1	2
3	2	1

b

3	1	2
3	2	3
3	1	2

Seite 35 Aufgabe 3
a) ...

★ bei vorgegebenen Würfelbauten die Anzahl fehlender Einzelwürfel zu einem Quader ermitteln ★ jeweils zwei Würfelbauten zuordnen, sodass zusammen ein vollständiger Quader entsteht ★ Bauplan für einen zu einem Quader fehlenden Würfelbau erstellen

1 Beschreibt, wie Tim, Lisa, Lea und Paul die Aufgaben lösen. Würdet ihr die Aufgaben genauso lösen oder auf anderen Wegen? Besprecht, welche Rechenwege ihr für die Aufgaben nehmen würdet.

2 Finde zu jedem von den Kindern vorgestellten Rechenweg jeweils zwei Aufgaben, die du auf dem gleichen Weg lösen würdest. Notiere sie.

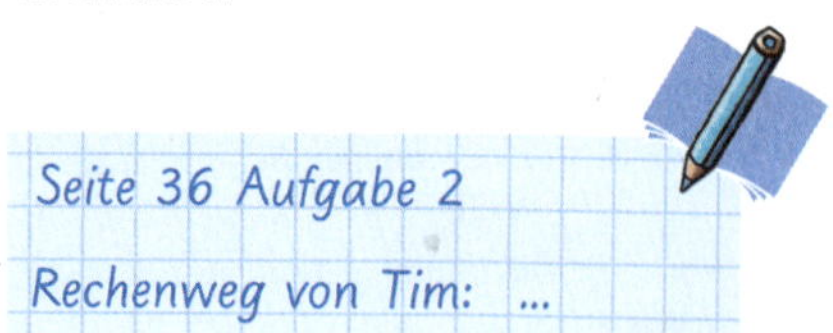

3 Löse die Aufgaben mit deinem Rechenweg in deinem Heft.

a) 532 + 260 = ▢
345 + 299 = ▢
721 + 45 = ▢
267 + 486 = ▢
436 + 59 = ▢

b) 867 − 398 = ▢
976 − 53 = ▢
723 − 287 = ▢
582 − 39 = ▢
654 − 320 = ▢

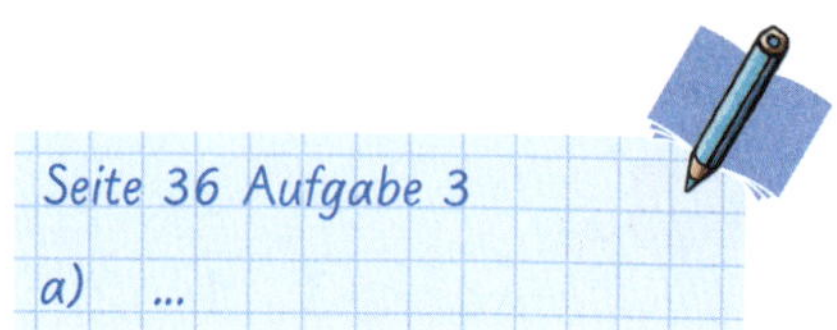

★ SF: vorgestellte Rechenwege bei der Addition und Subtraktion beschreiben, vergleichen und bewerten ★ den eigenen Rechenweg bei selbst gefundenen und vorgegebenen Additions- und Subtraktionsaufgaben anwenden

4 Löse die Aufgaben.
Schreibe die Ergebnisse in dein Heft.

a) 537 + 300 = ■
723 + 200 = ■
189 + 600 = ■
465 + 400 = ■

b) 912 – 500 = ■
574 – 200 = ■
847 – 300 = ■
791 – 400 = ■

c) 612 + 60 = ■
234 + 50 = ■
778 + 40 = ■
361 + 80 = ■

d) 592 – 80 = ■
786 – 60 = ■
423 – 50 = ■
948 – 70 = ■

e) 483 + 5 = ■
678 + 7 = ■
934 + 9 = ■
297 + 6 = ■

f) 368 – 5 = ■
513 – 7 = ■
741 – 8 = ■
202 – 6 = ■

Seite 37 Aufgabe 4
a) 8 3 7, ...
b) ...

5 Löse die Aufgaben.
Schreibe die Ergebnisse in dein Heft.

a) 441 + 230 = ■
254 + 540 = ■
532 + 180 = ■
187 + 460 = ■

b) 786 – 140 = ■
653 – 430 = ■
967 – 280 = ■
535 – 360 = ■

c) 612 + 43 = ■
438 + 56 = ■
281 + 35 = ■
768 + 74 = ■

d) 876 – 51 = ■
392 – 36 = ■
728 – 63 = ■
514 – 87 = ■

e) 432 + ■ = 692
215 + ■ = 287
568 + ■ = 718
381 + ■ = 425

f) 683 – ■ = 253
978 – ■ = 935
428 – ■ = 188
236 – ■ = 175

Seite 37 Aufgabe 5
a) ...

6 Übertrage die Tabellen in dein Heft. Fülle sie aus.

a)

+	260	■	380
523	■	587	■
■	998	■	■
471	■	■	■

b)

–	■	52	190
879	449	■	■
■	■	635	■
912	■	■	■

Seite 37 Aufgabe 6

a)

+	2 6 0 ...	3 8 0
5 2 3 ...	5 8 7 ...	
⋮	⋮	⋮

b) ...

27 + 5 = 32	580 + 40 = 620
27T + 5T = 32T	580T + 40T = 620T
27000 + 5000 = 32000	580000 + 40000 = 620000
27600 + 5000 = 32600	580300 + 40000 = 620300

Verwandte Aufgaben nennt man **Analogieaufgaben**.

1 Löse die Analogieaufgaben.

a)
52 + 7 = ■
52T + 7T = ■
52000 + 7000 = ■
52400 + 7000 = ■

b)
38 + 6 = ■
38T + 6T = ■
38000 + 6000 = ■
38200 + 6000 = ■

c)
610 + 60 = ■
610T + 60T = ■
610000 + 60000 = ■
610300 + 60000 = ■

d)
760 + 70 = ■
760T + 70T = ■
760000 + 70000 = ■
760100 + 70000 = ■

Seite 38 Aufgabe 1
a) 52 + 7 = ...
⋮
b) ...

2 Finde und löse zuerst die kleinen Aufgaben.

a)
■ + ■ = ■
■ + ■ = ■
■ + ■ = ■
56300 + 8000 = ■

b)
■ + ■ = ■
■ + ■ = ■
■ + ■ = ■
46700 + 6000 = ■

c)
■ + ■ = ■
■ + ■ = ■
■ + ■ = ■
390600 + 70000 = ■

d)
■ + ■ = ■
■ + ■ = ■
■ + ■ = ■
540700 + 80000 = ■

Seite 38 Aufgabe 2
a) 56 + 8 = ...
⋮
b) ...

3 Löse die Aufgaben mithilfe der kleinen Aufgaben im Kopf.
Schreibe die Ergebnisse in dein Heft.

a)
47500 + 8000 = ■
85200 + 7000 = ■
68100 + 8000 = ■
56800 + 5000 = ■

b)
250700 + 60000 = ■
480300 + 80000 = ■
760200 + 70000 = ■
570400 + 50000 = ■

Seite 38 Aufgabe 3
a) 55500, ...
b) ...

★ Tausender und Zehntausender mithilfe von Analogieaufgaben addieren
★ **MK:** Strukturen erkennen und nutzen

71 − 4 = 67
71T − 4T = 67T
71 000 − 4 000 = 67 000
71 600 − 4 000 = 67 600

420 − 50 = 370
420T − 50T = 370T
420 000 − 50 000 = 370 000
420 100 − 50 000 = 370 100

Beim Subtrahieren helfen mir auch die Analogieaufgaben.

1 Löse die Analogieaufgaben.

a)
79 − 6 = ■
79T − 6T = ■
79 000 − 6 000 = ■
79 100 − 6 000 = ■

b)
53 − 7 = ■
53T − 7T = ■
53 000 − 7 000 = ■
53 400 − 7 000 = ■

c)
670 − 40 = ■
670T − 40T = ■
670 000 − 40 000 = ■
670 300 − 40 000 = ■

d)
340 − 60 = ■
340T − 60T = ■
340 000 − 60 000 = ■
340 800 − 60 000 = ■

Seite 39 Aufgabe 1
a) 79 − 6 = ...
⋮
b) ...

2 Finde und löse zuerst die kleinen Aufgaben.

a)
■ − ■ = ■
■ − ■ = ■
■ − ■ = ■
72 300 − 5 000 = ■

b)
■ − ■ = ■
■ − ■ = ■
■ − ■ = ■
51 200 − 3 000 = ■

c)
■ − ■ = ■
■ − ■ = ■
■ − ■ = ■
930 400 − 80 000 = ■

d)
■ − ■ = ■
■ − ■ = ■
■ − ■ = ■
840 500 − 70 000 = ■

Seite 39 Aufgabe 2
a) 72 − 5 = ...
⋮
b) ...

3 Löse die Aufgaben mithilfe der kleinen Aufgaben im Kopf.
Schreibe die Ergebnisse in dein Heft.

a)
62 100 − 7 000 = ■
95 400 − 8 000 = ■
22 500 − 5 000 = ■
41 200 − 3 000 = ■

b)
340 200 − 80 000 = ■
830 100 − 60 000 = ■
510 400 − 40 000 = ■
650 300 − 70 000 = ■

Seite 39 Aufgabe 3
a) 55 100, ...
b) ...

★ Tausender und Zehntausender mithilfe von Analogieaufgaben subtrahieren
★ MK: Strukturen erkennen und nutzen

4 Einer, Zehner und Hunderter addieren

74 + 8 = 82	64 + 60 = 124	200 + 400 = 600
574 + 8 = 582	264 + 60 = 324	284 + 400 = 684
34 574 + 8 = 34 582	65 264 + 60 = 65 324	56 284 + 400 = 56 684

Die kleinen Aufgaben helfen beim Addieren von Einern, Zehnern und Hundertern.

1 Betrachtet die oben abgebildeten Analogieaufgaben.
Besprecht, welche Stellen der Zahlen gleich bleiben und welche sich verändern.
Sucht Begründungen.

2 Finde und löse zuerst die kleine Aufgabe.

a) 61 786 + 7 =
b) 152 468 + 5 =
c) 83 572 + 40 =
d) 244 682 + 30 =
e) 48 232 + 500 =
f) 392 451 + 800 =

Seite 40 Aufgabe 2
a) 7 8 6 + 7 = ...
⋮
b) ...

3 Löse die Aufgaben mithilfe der kleinen Aufgaben im Kopf.

a) 6 897 + 7 =
83 897 + 7 =
162 897 + 7 =

b) 47 458 + 8 =
68 836 + 5 =
212 719 + 6 =

Seite 40 Aufgabe 3
a) ...

4 Löse die Aufgaben mithilfe der kleinen Aufgaben im Kopf.

a) 4 563 + 80 =
31 563 + 80 =
542 563 + 80 =

b) 57 277 + 70 =
39 593 + 40 =
403 756 + 60 =

Seite 40 Aufgabe 4
a) ...

5 Löse die Aufgaben mithilfe der kleinen Aufgaben im Kopf.

a) 2 631 + 400 =
95 631 + 400 =
384 631 + 400 =

b) 26 935 + 300 =
39 723 + 600 =
685 505 + 800 =

Seite 40 Aufgabe 5
a) ...

⋆ Einer, Zehner und Hunderter mithilfe von Analogieaufgaben addieren
⋆ **MK:** Strukturen erkennen und nutzen

63 – 5 = 58	123 – 40 = 83	800 – 500 = 300
763 – 5 = 758	823 – 40 = 783	891 – 500 = 391
65 763 – 5 = 65 758	92 823 – 40 = 92 783	63 891 – 500 = 63 391

Die kleinen Aufgaben helfen beim Subtrahieren von Einern, Zehnern und Hundertern.

1 Betrachtet die oben abgebildeten Analogieaufgaben.
Besprecht, welche Stellen der Zahlen gleich bleiben und welche sich verändern.
Sucht Begründungen.

2 Finde und löse zuerst die kleine Aufgabe.

a) 65 374 – 8 =
b) 392 581 – 3 =
c) 32 453 – 70 =
d) 241 538 – 60 =
e) 85 623 – 400 =
f) 173 215 – 800 =

Seite 41 Aufgabe 2
a) 3 7 4 – 8 = ...
⋮
b) ...

3 Löse die Aufgaben mithilfe der kleinen Aufgaben im Kopf.

a) 8 751 – 6 =
57 751 – 6 =
402 751 – 6 =

b) 36 492 – 8 =
73 583 – 7 =
384 265 – 8 =

Seite 41 Aufgabe 3
a) ...

4 Löse die Aufgaben mithilfe der kleinen Aufgaben im Kopf.

a) 2 841 – 60 =
79 841 – 60 =
315 841 – 60 =

b) 27 630 – 50 =
81 725 – 80 =
493 146 – 70 =

Seite 41 Aufgabe 4
a) ...

5 Löse die Aufgaben mithilfe der kleinen Aufgaben im Kopf.

a) 9 513 – 400 =
16 513 – 400 =
742 513 – 400 =

b) 25 317 – 400 =
32 458 – 600 =
974 123 – 300 =

Seite 41 Aufgabe 5
a) ...

★ Einer, Zehner und Hunderter mithilfe von Analogieaufgaben subtrahieren
★ **MK:** Strukturen erkennen und nutzen

1 Löse die Aufgaben.

a)
7 + 10 =
7 + 100 =
7 + 1 000 =
7 + 10 000 =
7 + 100 000 =

b)
10 + 8 =
100 + 8 =
1 000 + 8 =
10 000 + 8 =
100 000 + 8 =

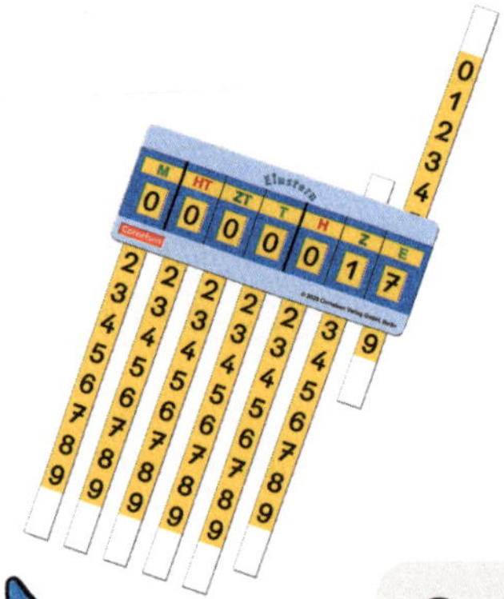

Seite 42 Aufgabe 1
a) 7 + 10 = 17
⋮
b) ...

2 Löse die Aufgaben.

a)
345 267 + 100 000 =
345 267 + 10 000 =
345 267 + 1 000 =
345 267 + 100 =
345 267 + 10 =

b)
546 849 + 100 000 =
546 849 + 10 000 =
546 849 + 1 000 =
546 849 + 100 =
546 849 + 10 =

Seite 42 Aufgabe 2
a) ...

3 Betrachtet die Aufgaben und Ergebnisse bei den Aufgaben 1 und 2.
Beschreibt die Veränderungen. Findet Begründungen.

4 Löse die Aufgaben. Schreibe die Ergebnisse in dein Heft.

a)
36 400 + 2 =
36 400 + 20 =
36 400 + 200 =
36 400 + 2 000 =
36 400 + 20 000 =
36 400 + 200 000 =

b)
463 520 + 3 =
463 520 + 30 =
463 520 + 300 =
463 520 + 3 000 =
463 520 + 30 000 =
463 520 + 300 000 =

Seite 42 Aufgabe 4
a) 36402 b) ...
36420
⋮

5 Löse die Aufgaben. Schreibe die Ergebnisse in dein Heft.

a)
71 325 + 40 =
53 782 + 700 000 =
34 279 + 60 000 =

b)
231 546 + 200 =
125 316 + 4 000 =
407 183 + 100 000 =

Seite 42 Aufgabe 5
a) 71365 b) ...
⋮

★ bei Aufgabenreihen mit Stufenzahlen stellengerecht addieren, ggf. Zahlenschieber als Hilfsmittel nutzen ★ **SF:** in Abhängigkeit eines Summanden Veränderungen der Summe in Aufgabenreihen beschreiben und begründen ★ stellengerecht addieren

1 Löse die Aufgaben.

a)
999 999 – 1 = ■
999 999 – 10 = ■
999 999 – 100 = ■
999 999 – 1 000 = ■
999 999 – 10 000 = ■
999 999 – 100 000 = ■

b)
777 777 – 100 000 = ■
777 777 – 10 000 = ■
777 777 – 1 000 = ■
777 777 – 100 = ■
777 777 – 10 = ■
777 777 – 1 = ■

Seite 43 Aufgabe 1
a) 999999 – 1 = 999998
⋮
b) ...

2 Löse die Aufgaben.

a)
249 620 – 100 000 = ■
249 620 – 10 000 = ■
249 620 – 1 000 = ■
249 620 – 100 = ■
249 620 – 10 = ■

b)
852 674 – 100 000 = ■
852 674 – 10 000 = ■
852 674 – 1 000 = ■
852 674 – 100 = ■
852 674 – 10 = ■

Seite 43 Aufgabe 2
a) ...

3 Betrachtet die Aufgaben und Ergebnisse bei den Aufgaben 1 und 2. Beschreibt die Veränderungen. Findet Begründungen.

4 Löse die Aufgaben. Schreibe die Ergebnisse in dein Heft.

a)
45 967 – 3 = ■
45 967 – 30 = ■
45 967 – 300 = ■
45 967 – 3 000 = ■
45 967 – 30 000 = ■

b)
376 468 – 2 = ■
376 468 – 20 = ■
376 468 – 200 = ■
376 468 – 2 000 = ■
376 468 – 20 000 = ■

Seite 43 Aufgabe 4
a) 45964 b) ...
45937
⋮

5 Löse die Aufgaben. Schreibe die Ergebnisse in dein Heft.

a)
98 475 – 30 = ■
38 617 – 5 000 = ■
91 582 – 70 000 = ■

b)
475 609 – 200 = ■
856 345 – 30 000 = ■
917 681 – 400 000 = ■

Seite 43 Aufgabe 5
a) 98445 b) ...
⋮

★ bei Aufgabenreihen mit Stufenzahlen stellengerecht subtrahieren, ggf. Zahlenschieber als Hilfsmittel nutzen ★ SF: in Abhängigkeit des Subtrahenden Veränderungen der Differenz in Aufgabenreihen beschreiben und begründen ★ stellengerecht subtrahieren

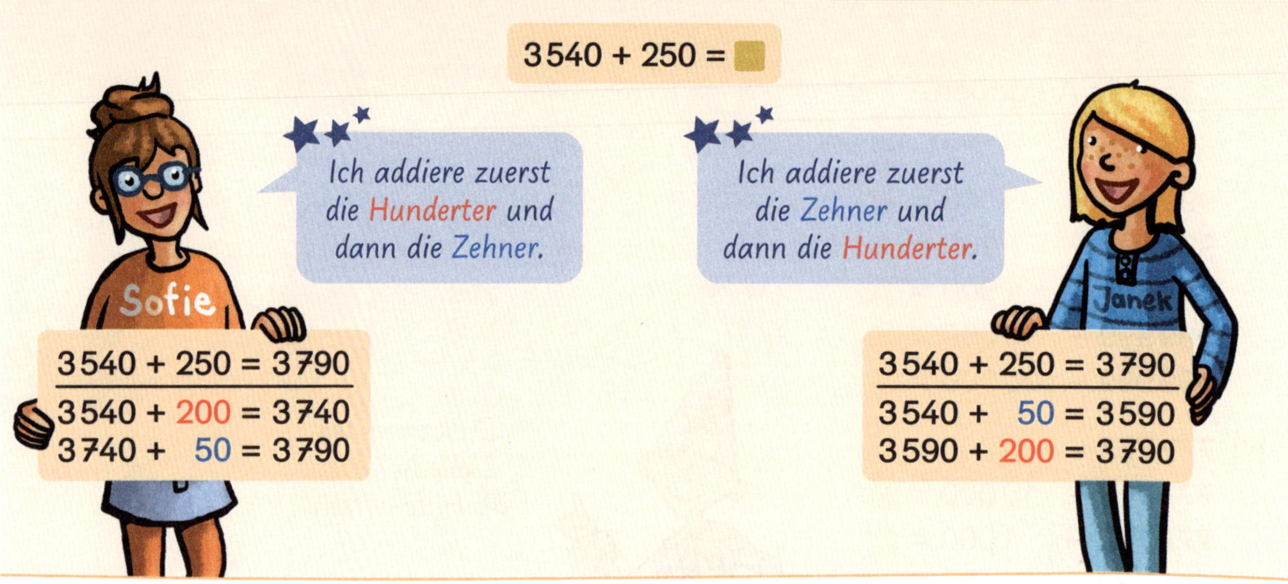

1 Wie rechnest du die Aufgabe 3540 + 250?
Begründe deine Wahl einem anderen Kind.

2 Löse die Aufgaben. Schreibe deine Rechenschritte auf.

a) 2740 + 230 = ▢
▢ + ▢ = ▢
▢ + ▢ = ▢

b) 5870 + 150 = ▢
▢ + ▢ = ▢
▢ + ▢ = ▢

c) 12600 + 5300 = ▢
▢ + ▢ = ▢
▢ + ▢ = ▢

d) 24800 + 3600 = ▢
▢ + ▢ = ▢
▢ + ▢ = ▢

e) 235300 + 43000 = ▢
▢ + ▢ = ▢
▢ + ▢ = ▢

f) 578100 + 64000 = ▢
▢ + ▢ = ▢
▢ + ▢ = ▢

g) 312400 + 4100 = ▢
▢ + ▢ = ▢
▢ + ▢ = ▢

h) 465000 + 6300 = ▢
▢ + ▢ = ▢
▢ + ▢ = ▢

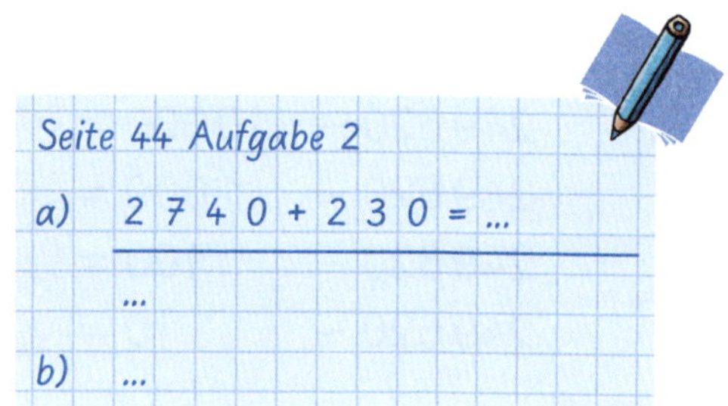

3 Löse die Aufgaben mit deinen Rechenschritten im Kopf.
Schreibe die Ergebnisse in dein Heft.

a)
76700 + 21000 = ▢
53500 + 34000 = ▢
64200 + 28000 = ▢
86300 + 17000 = ▢

b)
346000 + 33000 = ▢
217800 + 42000 = ▢
576000 + 26000 = ▢
458200 + 14000 = ▢

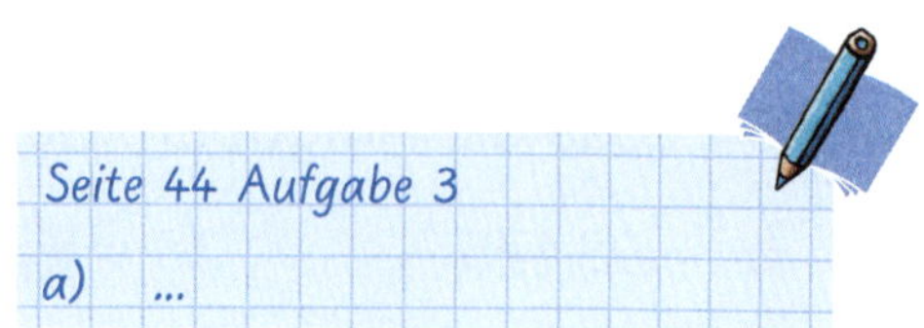

★ verschiedene Vorgehensweisen beim Addieren von mehrstelligen Zahlen nachvollziehen und den eigenen Rechenweg auswählen, **SF:** Wahl begründen ★ Additionsaufgaben in zwei Schritten halbschriftlich und im Kopf lösen

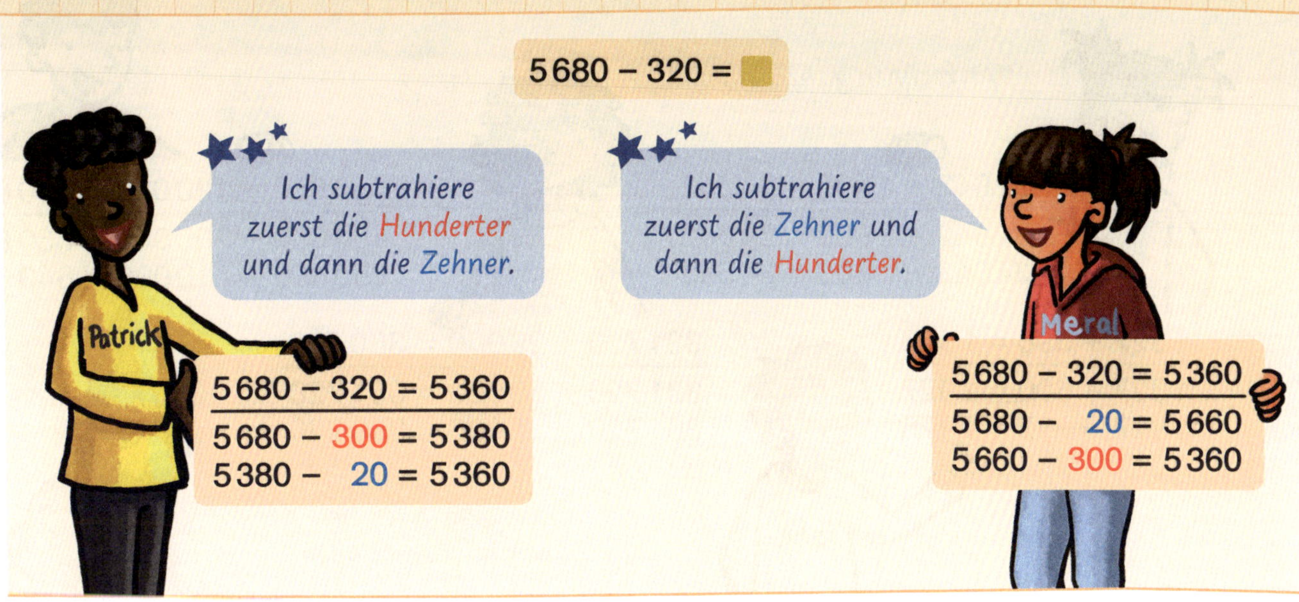

1 Wie rechnest du die Aufgabe 5680 – 320?
Begründe deine Wahl einem anderen Kind.

2 Löse die Aufgaben. Schreibe deine Rechenschritte auf.

a) 3850 – 420 = ▢
▢ – ▢ = ▢
▢ – ▢ = ▢

b) 5290 – 350 = ▢
▢ – ▢ = ▢
▢ – ▢ = ▢

c) 64800 – 2500 = ▢
▢ – ▢ = ▢
▢ – ▢ = ▢

d) 87600 – 3800 = ▢
▢ – ▢ = ▢
▢ – ▢ = ▢

e) 268500 – 43000 = ▢
▢ – ▢ = ▢
▢ – ▢ = ▢

f) 732600 – 54000 = ▢
▢ – ▢ = ▢
▢ – ▢ = ▢

g) 489200 – 3100 = ▢
▢ – ▢ = ▢
▢ – ▢ = ▢

h) 635500 – 7200 = ▢
▢ – ▢ = ▢
▢ – ▢ = ▢

Seite 45 Aufgabe 2
a) 3850 – 420 = ...
...
b) ...

3 Löse die Aufgaben mit deinen Rechenschritten im Kopf.
Schreibe die Ergebnisse in dein Heft.

a)
85700 – 32000 = ▢
47600 – 25000 = ▢
72500 – 46000 = ▢
96800 – 37000 = ▢

b)
876500 – 53000 = ▢
587000 – 34000 = ▢
463700 – 27000 = ▢
954000 – 76000 = ▢

Seite 45 Aufgabe 3
a) ...

★ verschiedene Vorgehensweisen beim Subtrahieren von mehrstelligen Zahlen nachvollziehen und den eigenen Rechenweg auswählen, **SF:** Wahl begründen ★ Subtraktionsaufgaben in zwei Schritten halbschriftlich und im Kopf lösen

1 Besprecht, wie Lena, Tobi, Maja und Ole die Aufgaben lösen.

2 Löse die Aufgaben geschickt.
Notiere den Rechenweg in deinem Heft.

a)	b)
2 532 + 398 = ▢	7 846 − 499 = ▢
45 345 + 1 800 = ▢	69 581 − 4 900 = ▢
126 110 + 2 999 = ▢	213 450 − 3 998 = ▢
243 810 + 49 000 = ▢	694 730 − 29 000 = ▢
83 530 + 39 998 = ▢	95 640 − 19 999 = ▢
167 500 + 290 000 = ▢	681 400 − 190 000 = ▢

3 Schreibe die Aufgaben auf, bei denen du geschickt rechnen kannst.
Ergänze bei diesen Aufgaben das Ergebnis.

a)	b)
36 214 + 599 = ▢	57 203 − 9 999 = ▢
72 509 + 146 253 = ▢	103 812 − 490 = ▢
3 708 + 2 900 = ▢	547 218 − 5 753 = ▢
512 784 + 772 = ▢	983 652 − 26 384 = ▢
650 111 + 99 999 = ▢	1 000 000 − 490 000 = ▢

4 Finde je drei Additions- und Subtraktionsaufgaben,
bei denen du geschickt rechnen kannst.
Stelle die Aufgaben einem anderen Kind vor
und prüfe, ob es die Rechenvorteile findet.

★ **SF:** vorgestellte Rechenschritte beim geschickten Addieren und Subtrahieren nachvollziehen, beschreiben, anwenden und notieren ★ Aufgaben erkennen, bei denen Rechenvorteile angewendet werden können, diese im Kopf lösen ★ **SF:** Aufgaben vorstellen, die geschickt gelöst werden können

Addieren:

64 500	+	3 000	=	67 500
Summand		**Summand**		**Summe**

Subtrahieren:

67 500	–	3 000	=	64 500
Minuend		**Subtrahend**		**Differenz**

Für alle Zahlen bei Additions- und Subtraktionsaufgaben gibt es Fachbegriffe.

1 Finde die passende Aufgabe und löse sie.

Der erste Summand ist 42 000. Der zweite Summand ist 4 500.

Der Minuend ist 98 500. Der Subtrahend ist 2 000.

Bilde die Differenz aus 480 000 und 50 000.

Bilde die Summe aus 250 000 und 30 000.

Seite 47 Aufgabe 1
Mai-Lin: ...
⋮

2 Löse die Aufgaben. Schreibe zu jeder Rechnung ein Zahlenrätsel.
Prüfe zum Schluss, ob deine Texte zu den Aufgaben passen.

a) 6 300 + 600 = ▢

b) 7 600 – 400 = ▢

Seite 47 Aufgabe 2
a) ...

3 Schreibe jeweils die passende Zahl auf.

a) Der erste Summand ist ▢. Der zweite Summand ist 75 000. Die Summe ist 675 000.

b) Der erste Summand ist 20 000. Der zweite Summand ist ▢. Die Summe ist 20 800.

c) Der Minuend ist 570 000. Der Subtrahend ist ▢. Die Differenz ist 500 000.

d) Der Minuend ist ▢. Der Subtrahend ist 300. Die Differenz ist 10 500.

Seite 47 Aufgabe 3
a) ...

★ SF: Begriffe „Summand“, „Minuend“ und „Subtrahend“ kennenlernen
★ SF: Fachbegriffe der Addition und Subtraktion beim Lösen und Erstellen von Zahlenrätseln anwenden

1 Übertrage die Tabellen in dein Heft.
Fülle sie aus.

a)

+	300	3 000	30 000	300 000
500				
4 500				
64 500				
264 500				

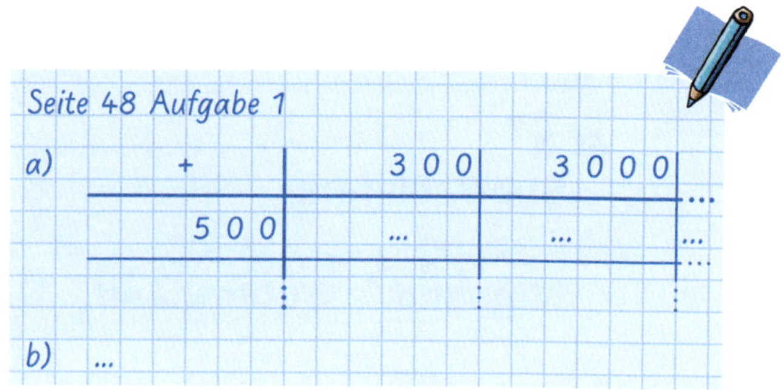

b)

–	200	2 000	20 000	200 000
700				
5 700				
45 700				
645 700				

2 Löse die Aufgaben.
Setze die Aufgabenreihen fort.

a)
250 000 + 80 000 = ___
250 000 + 70 000 = ___
250 000 + 60 000 = ___
___ + ___ = ___
___ + ___ = ___
___ + ___ = ___

b)
160 000 + 200 000 = ___
260 000 + 200 000 = ___
360 000 + 200 000 = ___
___ + ___ = ___
___ + ___ = ___
___ + ___ = ___

c)
830 000 – 70 000 = ___
840 000 – 70 000 = ___
850 000 – 70 000 = ___
___ – ___ = ___
___ – ___ = ___
___ – ___ = ___

d)
750 000 – 300 000 = ___
750 000 – 350 000 = ___
750 000 – 400 000 = ___
___ – ___ = ___
___ – ___ = ___
___ – ___ = ___

★ stellengerecht in Tabellen addieren und subtrahieren
★ MK: Aufgabenreihen lösen und fortsetzen, Strukturen erkennen

1 Löse die Aufgaben und setze die Aufgabenreihen fort.

a)
380 000 + 30 000 = ___
370 000 + 40 000 = ___
360 000 + 50 000 = ___
___ + ___ = ___
___ + ___ = ___
___ + ___ = ___

b)
210 000 + 290 000 = ___
220 000 + 280 000 = ___
230 000 + 270 000 = ___
___ + ___ = ___
___ + ___ = ___
___ + ___ = ___

Seite 49 Aufgabe 1
a) ...

2 Betrachte die Aufgabenreihen in Aufgabe 1.
Vervollständige die Aussagen in deinem Heft.
Gestalte sie als Merktafel.

Bei der Addition bleibt die Summe gleich, ...
... wenn ich den ersten Summanden verkleinere und den zweiten Summanden um den gleichen Zahlenwert ___.
... wenn ich den ersten Summanden vergrößere und den zweiten Summanden um den gleichen Zahlenwert ___.

Seite 49 Aufgabe 2
...

3 Löse die Aufgaben und setze die Aufgabenreihen fort.

a)
630 000 – 40 000 = ___
640 000 – 50 000 = ___
650 000 – 60 000 = ___
___ – ___ = ___
___ – ___ = ___
___ – ___ = ___

b)
590 000 – 290 000 = ___
580 000 – 280 000 = ___
570 000 – 270 000 = ___
___ – ___ = ___
___ – ___ = ___
___ – ___ = ___

Seite 49 Aufgabe 3
a) ...

4 Betrachte die Aufgabenreihen in Aufgabe 3.
Vervollständige die Aussagen in deinem Heft.
Gestalte sie als Merktafel.

Bei der Subtraktion bleibt die Differenz gleich, ...
... wenn ich den Minuenden vergrößere und den Subtrahenden um den gleichen Zahlenwert ___.
... wenn ich den Minuenden verkleinere und den Subtrahenden um den gleichen Zahlenwert ___.

Seite 49 Aufgabe 4
...

* **MK:** Aufgabenreihen lösen und fortsetzen, Strukturen erkennen
* **SF:** Aussagen zu Veränderungen von Zahlen in Aufgabenreihen bei konstanter Summe bzw. Differenz ergänzen

45 678 + 10 239 = ■

Das kann ich noch:
9 + 8 = 17, ich schreibe 7 und übertrage 1.
1 + 3 + 7 = 11, ich schreibe 1 und übertrage 1 …

	HT	ZT	T	H	Z	E
		4	5	6	7	8
+		1	0	2	3	9
				1	1	
					1	7

1 Zeichne die Stellentafeln in dein Heft.
Addiere schriftlich.

a)

	HT	ZT	T	H	Z	E
		2	3	5	1	6
+		1	5	2	3	8
					■	
		■	■	■	■	■

b)

	HT	ZT	T	H	Z	E
	7	1	2	4	8	6
+		8	6	7	0	5
			■		■	
	■	■	■	■	■	■

Seite 50 Aufgabe 1

a)

	HT	ZT	T	H	Z	E
		2	3	5	1	6
+		1	5	2	3	8
						…

b) …

c)

	HT	ZT	T	H	Z	E
		3	4	9	1	3
+	2	1	7	8	2	4
		■	■			
	■	■	■	■	■	■

d)

	HT	ZT	T	H	Z	E
	5	3	7	4	8	5
+			8	7	9	5
		■	■	■	■	
	■	■	■	■	■	■

2 Schreibe die Aufgaben in dein Heft.
Addiere schriftlich.

a)

		5	4	7	1	9
+	3	6	6	5	8	3

b)

	6	4	5	7	5	9
+			9	8	9	5

Seite 50 Aufgabe 2

a)

		5	4	7	1	9
+	3	6	6	5	8	3
						…

b) …

c)

		9	2	6	1	3
+	5	8	6	3	8	4

d)

	4	6	5	3	1	5
+	1	9	3	4	0	7

e)

			9	4	5	7
+	3	7	0	8	1	5

f)

	3	6	4	5	7	8
+			8	7	9	9

⋆ Additionsaufgaben auch in eine Stellentafel stellengerecht notieren und schriftlich lösen

3 Schreibe die Zahlen in deinem Heft stellengerecht untereinander. Addiere schriftlich.

a) 57 681 + 86 953
676 543 + 261 807
463 832 + 56 627

b) 681 270 + 46 357 + 182 305
274 608 + 80 304 + 8 662
76 359 + 521 038 + 16 941

Seite 51 Aufgabe 3

a)

		5	7	6	8	1
	+	8	6	9	5	3
						…

⋮

b) …

4 Übertrage die Aufgaben in dein Heft. Setze die fehlenden Ziffern ein.

a)

	■	3	■	■	5	4
+	1	■	2	5	■	■
	1	1	1		1	
	5	1	0	3	7	0

b)

		3	9	2	8	■
+		■	6	■	6	3
		1		1		
		7	■	3	■	9

c)

	3	■	7	■	1	■
+	■	3	5	4	■	8
		1			1	
	6	5	■	4	8	0

d)

	4	9	■	6	■	2
+	■	5	8	■	1	3
	1	1	1			
	8	■	2	2	5	■

Seite 51 Aufgabe 4

a)

	…	3	…	…	5	4
+	1	…	2	5	…	6
	1	1	1		1	
	5	1	0	3	7	0

b) …

5 Bilde eine Aufgabe zur vorgegebenen Summe. Schreibe die Zahlen in deinem Heft jeweils richtig untereinander.

a) 99 999

b) 1 000 000

Seite 51 Aufgabe 5

a) …

6 Finde zu jedem Zahlenrätsel eine passende Additionsaufgabe und löse sie schriftlich. Umrande die gesuchte Zahl farbig.

Meine Zahl erhältst du, wenn du 87 654 und 34 132 addierst.

Meine Zahl ist die Summe aus 136 708 und 257 835.

Wenn du zu meiner Zahl 14 907 addierst, ergibt sich als Summe 125 438.

Meiner Zahl ist das Doppelte von 13 476.

Seite 51 Aufgabe 6

Tobi: …

⋮

★ Additionsaufgaben mit zwei und drei Summanden stellengerecht notieren, schriftlich lösen
★ fehlende Ziffern in Aufgaben zur schriftlichen Addition ergänzen ★ zur Summe passende Aufgabe finden ★ **SF:** Zahlenrätsel in Additionsaufgaben übertragen und schriftlich lösen

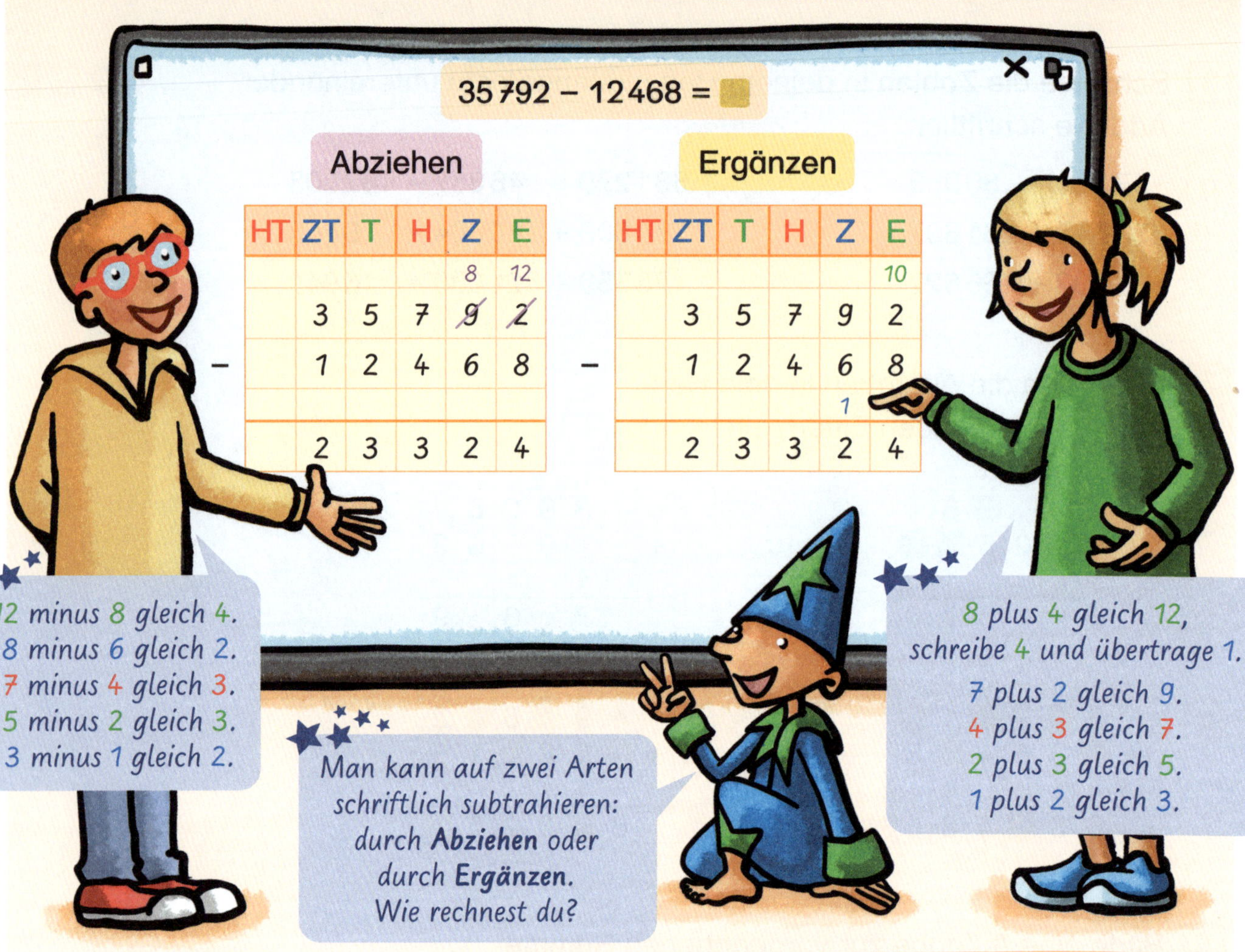

1 Zeichne die Stellentafeln in dein Heft. Subtrahiere schriftlich auf deine Art. Denke an die Überträge.

a)

	HT	ZT	T	H	Z	E
		4	1	9	3	7
–		3	8	7	1	5

b)

	HT	ZT	T	H	Z	E
	7	4	6	2	3	5
–		6	8	7	8	9

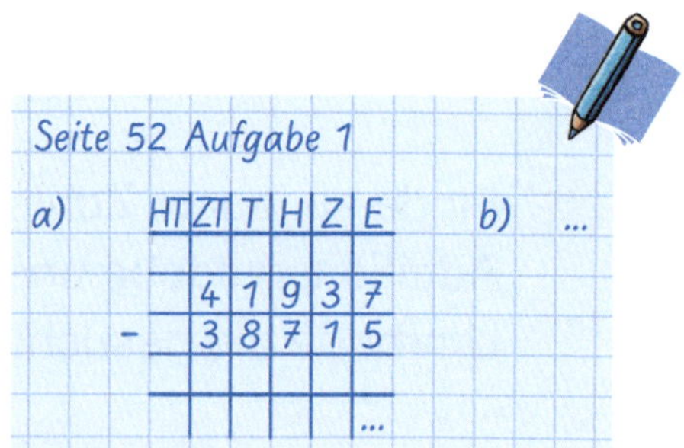

2 Schreibe die Aufgaben in dein Heft. Subtrahiere schriftlich.

a)

	3	1	4	7	3
–		4	1	9	8

b)

	4	7	1	2	3	5
–		8	2	5	1	6

c)

	5	3	2	0	2	1
–	2	1	3	8	0	5

d)

	3	4	8	2	1	7
–		2	1	7	4	5

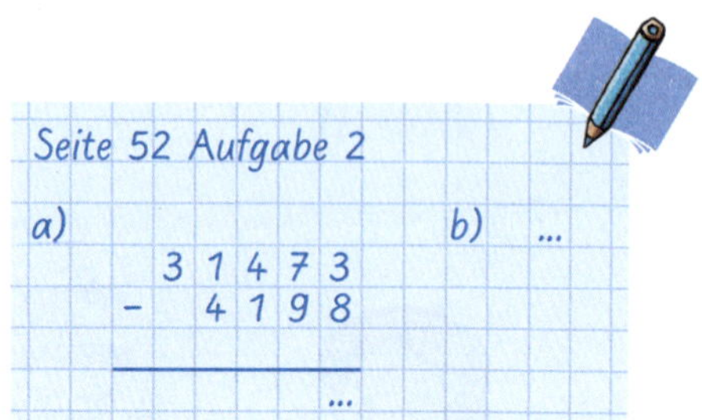

★ Subtraktionsaufgaben auch in eine Stellentafel stellengerecht notieren und schriftlich lösen

3 Schreibe die Zahlen in deinem Heft stellengerecht untereinander.
Subtrahiere schriftlich.

a) 75 803 – 26 788
298 674 – 39 705
480 751 – 126 772

b) 857 965 – 232 561 – 421 203
764 816 – 322 604 – 45 140
532 550 – 903 – 4 312

Seite 53 Aufgabe 3

a)

	7	5	8	0	3
–	2	6	7	8	8
					…

⋮

b) …

4 Übertrage die Aufgaben in dein Heft.
Setze die fehlenden Ziffern ein. Denke an die Überträge.

a)

		2	3	4	■	■
–		2	1	■	5	7
			■	3	4	2

b)

	7	0	1	2	2	■
–	2	■	9	2	■	9
	■	9	■	9	4	9

c)

		8	0	0	0	■
–		■	6	5	■	8
		3	■	■	5	4

d)

	1	0	0	0	0	0
–		■	5	6	2	■
		6	■	■	■	7

Seite 53 Aufgabe 4

a)

	2	3	4	…	9
–	2	1	…	5	7
		…	3	4	2

b) …

5 Bilde eine Aufgabe zur vorgegebenen Differenz.
Schreibe die Zahlen in deinem Heft jeweils richtig untereinander.

a) 423 715

b) 5 311

Seite 53 Aufgabe 5
a) …

6 Finde zu jedem Zahlenrätsel eine passende
Subtraktionsaufgabe und löse sie schriftlich.
Umrande die gesuchte Zahl farbig.

Meine Zahl erhältst du, wenn du von 89 637 46 829 subtrahierst.

Meine Zahl ist die Differenz aus 263 512 und 24 308.

Wenn du von meiner Zahl 63 513 subtrahierst, erhältst du als Differenz 121 121.

Wenn du von 374 500 meine Zahl subtrahierst, ergibt das als Differenz 251 044.

Seite 53 Aufgabe 6
Max: …
⋮

⋆ Subtraktionsaufgaben mit einem und zwei Subtrahenden stellengerecht notieren, schriftlich lösen ⋆ fehlende Ziffern in Aufgaben zur schriftlichen Subtraktion ergänzen ⋆ zur Differenz passende Aufgabe finden ⋆ SF: Zahlenrätsel in Subtraktionsaufgaben übertragen und schriftlich lösen

1 Schreibe die Additionsaufgaben in dein Heft und löse sie.

a) 3826 + 4752 | 5629 + 3458 | 8312 + 1748

b) 26978 + 35645 | 74863 + 29627 | 48324 + 59858

c) 217835 + 424712 | 319423 + 486712 | 571385 + 387561

d) 53981 + 6453 | 468354 + 29546 | 701284 + 8542

Seite 54 Aufgabe 1

a)
```
  3826   ...
+ 4752
------
   ...
```
b) ...

2 Schreibe die Subtraktionsaufgaben in dein Heft und löse sie.

a) 4321 − 2763 | 7524 − 5479 | 10000 − 4682

b) 34850 − 16792 | 51314 − 27589 | 100000 − 36899

c) 917693 − 829760 | 708335 − 299487 | 700000 − 329795

d) 1000000 − 998021 | 1000000 − 715346

Seite 54 Aufgabe 2

a)
```
  4321   ...
- 2763
------
   ...
```
b) ...

★ Aufgaben zur schriftlichen Addition und Subtraktion lösen

1 Bilde aus den Zahlenkärtchen passende Aufgaben.

38456 | 17452 | 8432 | 12572 | 5627 | 32463

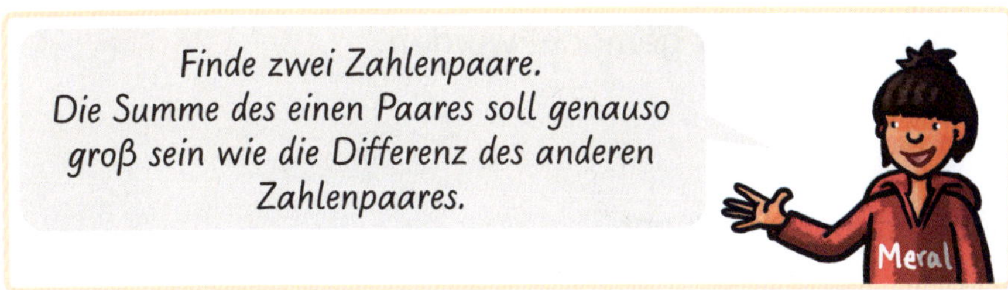

2 Suche für jeden Stern die passende Ziffer und löse die Aufgaben.

★ aus Zahlen nach Vorgaben Additions- und Subtraktionsaufgaben zusammenstellen und lösen
★ für jeweils in Additions- und Subtraktionsaufgaben verwendete gleiche Symbole passende Ziffern finden

1 Überschlage. Notiere deine Überschlagsrechnung. Schreibe auf, ob das Ergebnis stimmen kann.

a)

	4	2	8	7
+	2	6	2	7
	6	9	1	4

b)

	5	7	2	0	8	4
+	1	9	3	7	2	6
	6	6	5	7	0	0

c)

	4	7	4	6
+		9	4	6
	4	6	8	2

d)

	3	7	4	2	2	2
+		2	5	9	8	2
	4	0	0	2	0	4

Seite 56 Aufgabe 1
a) Ü: 4300 + 2600 = 6900
Das Ergebnis kann stimmen.
b) ...

e) Beschreibe in deinem Heft, welche Fehler gemacht wurden.

2 Kontrolliere die Ergebnisse, indem du im Kopf von oben nach unten addierst.
Schreibe zu jeder Aufgabe auf, ob das Ergebnis richtig oder falsch ist.
Schreibe bei falsch gelösten Aufgaben die richtige Rechnung auf.

a)

	5	2	6	4
+	3	2	5	9
	8	4	1	3

b)

	1	7	3	8	5
+		9	7	0	8
	1	1		1	
		7	6	7	7

c)

	1	5	3	4	9	7
+	3	8	2	6	0	5
	1		1	1	1	
	5	3	6	1	0	2

Seite 56 Aufgabe 2
a) falsch b) ...
5264
+ 3259
...

d)

	8	3	6	1
+			2	9
			1	
	8	3	9	0

e)

	3	4	7	8	3
+	1	8	6	7	6
		1	1		
	4	3	4	5	9

f)

	8	3	9	5	5	7
+		6	4	3	7	5
	1	1		1	1	
	9	0	5	9	2	2

★ mithilfe der Überschlagsrechnung richtige und falsche Ergebnisse identifizieren
★ Fehler analysieren ★ vorgegebene Additionsaufgaben kontrollieren und bei falschem Ergebnis selbst schriftlich lösen

1 Überschlage. Notiere deine Überschlagsrechnung. Schreibe auf, ob das Ergebnis stimmen kann.

a)

	9	4	1	8	0
−	6	8	2	1	2
	3	5	9	6	8

b)

	8	5	0	4	7	7
−	7	7	6	6	7	9
	1	8	4	8	0	8

c)

	5	2	3	8	0
−		9	1	2	9
	4	3	2	5	1

d)

	6	9	1	4	7	7
−		3	0	9	8	5
	6	6	0	4	9	2

Seite 57 Aufgabe 1
a) Ü: ...
Das Ergebnis ...
b) ...

e) Beschreibe in deinem Heft, welche Fehler gemacht wurden.

2 Kontrolliere jedes Ergebnis mit der Umkehraufgabe. Schreibe bei falsch gelösten Aufgaben die richtige Rechnung auf.

a)

	3	4	7	1	6
−	2	8	5	2	9
		6	1	8	7

b)

	2	6	8	5	3	4
−	1	0	7	8	1	0
	1	6	1	7	2	4

c)

	4	6	6	5	1
−		1	2	4	8
	4	5	4	0	3

d)

	3	6	7	5	6	9
−		1	5	8	6	5
	3	5	2	0	0	0

Seite 57 Aufgabe 2
a)
  6187
+ 28529
 1 11
 34716
richtig
b) ...

3 Besprecht, worin sich die Ergebnisüberprüfung mit einer Überschlagsrechnung und die Ergebniskontrolle mit der Umkehraufgabe unterscheiden.

★ mithilfe der Überschlagsrechnung und der Umkehraufgabe richtige und falsche Ergebnisse identifizieren, ggf. korrigieren ★ Fehler analysieren ★ Kontrollmöglichkeiten vergleichen

1 Entscheide zunächst bei jeder Aufgabe, ob du im Kopf rechnest, deine Rechenschritte notierst oder schriftlich rechnest. Schreibe entweder nur das Ergebnis oder die vollständige Rechnung auf.

a)
92 100 − 5 000 = ▢
79 850 − 748 = ▢
45 876 − 5 998 = ▢
84 382 + 12 410 = ▢
64 298 + 34 564 = ▢
100 000 − 39 900 = ▢

b)
872 600 − 350 300 = ▢
743 217 − 743 210 = ▢
413 015 + 399 999 = ▢
524 817 − 147 329 = ▢
620 000 + 240 500 = ▢
283 605 + 497 019 = ▢

2 Betrachte, bei welchen Aufgaben aus Aufgabe 1 du im Kopf rechnest, bei welchen du deine Rechenschritte notierst und bei welchen du schriftlich rechnest.

Besprich dein Vorgehen mit einem anderen Kind. Vergleicht eure Rechenwege.

3 Stelle selbst eine kleine Aufgabensammlung zusammen. Schreibe Aufgaben auf, ...

a) ... die du im Kopf löst.

b) ... bei denen du die Rechenschritte notierst.

c) ... die du schriftlich löst.

★ MK: einem Text Daten entnehmen ★ Additions- und Subtraktionsaufgaben im Kopf, in Schritten oder schriftlich lösen ★ SF: Entscheidungen zum Vorgehen reflektieren, beschreiben und vergleichen ★ Aufgabensammlung zusammenstellen

1 Überschlage zuerst. Rechne dann schriftlich.
Prüfe mit deiner Überschlagsrechnung, ob dein Ergebnis stimmen kann.
Rechne neu, wenn dein Ergebnis nicht stimmen kann.

a) 48115 + 20328

b) 584263 + 275652

c) 402315 + 15795

d) 360459 + 554280

e) 52269 − 33614

f) 543246 − 61752

Seite 59 Aufgabe 1
a) Ü: 48000 + 20000 = ...
48115
+ 20328
...
b) ...

2 Löse die Subtraktionsaufgaben.
Kontrolliere deine Ergebnisse mit der Umkehraufgabe.

a) 204659 − 203478

b) 57305 − 28921

c) 854520 − 62863

d) 449727 − 231652

Seite 59 Aufgabe 2
a) 204659
− 203478
...
b) ...

3 Entscheide zunächst bei jeder Aufgabe, ob du im Kopf rechnest, deine Rechenschritte notierst oder schriftlich rechnest. Schreibe entweder nur das Ergebnis oder die vollständige Rechnung auf.

a)
265 163 + 30 000 = ▢
133 792 + 16 465 = ▢
63 278 + 19 999 = ▢
216 370 + 178 504 = ▢
315 800 + 40 000 = ▢

b)
483 500 − 21 000 = ▢
621 400 − 329 752 = ▢
97 500 − 4 200 = ▢
276 425 − 29 900 = ▢
83 040 − 35 870 = ▢

Seite 59 Aufgabe 3
a) ...

★ Additions- und Subtraktionsaufgaben schriftlich lösen und mithilfe der Überschlagsrechnung überprüfen ★ Subtraktionsaufgaben lösen und mithilfe der Umkehraufgabe kontrollieren
★ Additions- und Subtraktionsaufgaben im Kopf, halbschriftlich oder schriftlich lösen

A Für den deutschen Rekord an **meisten umgefallenen Dominosteinen** wurden 600 000 Steine aufgebaut. Davon sind 596 229 umgefallen.

B **Längster Schluckauf**
Der amerikanische Landwirt Charles Osborne hatte von 1922 bis 1990 einen Schluckauf. Der Schluckauf fing an, während er ein Schwein wog.

C **Höchste Gebäude**
Die Cheops-Pyramide in Ägypten wurde circa 2 560 vor unserer Zeit erbaut. Lange war sie das höchste Gebäude der Welt. Ursprünglich war sie mal 146,7 m hoch. Mittlerweile ist sie etwas kaputt gegangen. Sie ist jetzt nur noch 135,7 m hoch. Heute ist das höchste Gebäude der Welt der Burj Khalifa in Dubai. Er ist 828 m hoch und hat 163 Etagen. In 555,7 m Höhe, das ist in der 148. Etage, gibt es eine Aussichtsplattform mit Terrasse.

D Der **höchste Schneemann** der Welt heißt Olympia. Er war 37,21 m hoch und bestand aus 5 890 Tonnen Schnee. Sein Schal war 39,6 m lang. Als Arme hatte er 9 m hohe Fichten, als Pupillen und für die Knöpfe seiner Jacke wurden Auto- und Lkw-Reifen genutzt. Die **höchste Sandburg** der Welt steht in Dänemark. Sie ist 21,16 m hoch und besteht aus 5 805 Tonnen Sand.

1 Finde zu jeder Frage den passenden Text.
Finde dann die passende Rechnung und Antwort.

a) Wie viele Dominosteine sind nicht umgefallen?

b) Wie viele Jahre ging der längste Schluckauf?

c) Wie viele Sammelobjekte gibt es in der größten Weihnachtsmann-Sammlung mehr als in der größten Schneemann-Sammlung?

d) Wie viel höher ist der Burj Khalifa als die Cheops-Pyramide vor über 4 500 Jahren?

Seite 60 Aufgabe 1
a) Text A
R: ...
A: ...
b) ...

2 Die Kinder der Klasse von Tim und Lea haben ermittelt, dass sie insgesamt 234 Puzzle und 1 957 Paar Socken zu Hause haben.
Vergleiche jeweils die Größe der Klassensammlung mit der größten Einzelsammlung der Welt.
Notiere Vergleiche.

mehr als | weniger als | mehr als | weniger als

Seite 60 Aufgabe 2
...

★ **MK:** Texten Daten entnehmen und diese verarbeiten ★ vorgegebene Fragen dem jeweils passenden Informationstext zuordnen, passende Rechnungen und Antworten finden
★ **SF:** Vergleiche formulieren und Unterschiede berechnen

E Größte Sammlungen von Weihnachtsartikeln
25 104 Weihnachtsmänner, darunter 2 360 Figuren, 2 846 abgebildet auf Postkarten aus 33 Ländern, 1 312 auf Servietten und 241 Broschen, besitzt Jean-Guy Laquerre (Kanada). Adam Wide (Vereinigtes Königreich) hat 7 929 Weihnachtsbroschen gesammelt. Die größte Schneemann-Sammlung umfasst 5 127 Objekte und gehört Karen Schmidt (USA).

F Größte Puzzlesammlung
Luiza Figueiredo (Brasilien) sammelt seit 1967 Puzzle. Da war sie 7 Jahre alt. Mittlerweile hat sie 1 047 Exemplare.

G Größte Sockensammlung
Ashan Fernando (USA) besitzt 660 Paar Socken.

H Meiste Fußballberührungen in einer Minute

mit den Fußsohlen + eine Kerze machend:	Yuuki Yoshinaga (Japan) 402
mit dem Kopf:	Gao Chong (China) 341
mit den Schienbeinen:	Leon Walraven (Niederlande) 267
mit den Schultern:	Yuuki Yoshinaga (Japan) 230
mit den Knien:	Konok Karmakar (Bangladesch) 162
mit den Hacken:	Sinan Öztürk (Deutschland) 157
mit den Lippen + stehend:	Daniel Cutting (Vereinigtes Königreich) 153
mit den Zehen:	John Farnworth (Vereinigtes Königreich) 109

3 Nutze die nächste große Pause oder eine Sportstunde.
Versuche, einen Fußball eine Minute lang in der Luft zu halten.
Wie viele Ballberührungen schaffst du in einer Minute?
Bitte ein anderes Kind, mit dir gemeinsam zu zählen und die Zeit für dich zu stoppen. Notiere deine Ergebnisse.

a) Du darfst den Fußball nur mit den Händen berühren.

b) Du darfst den Fußball mit beliebigen Körperteilen berühren.

c) Du darfst den Fußball nur mit einem Körperteil aus einem Weltrekord berühren.

d) Vergleicht dein Ergebnis bei c) mit dem Weltrekord. Überlegt, wie viel Zeit du ungefähr benötigen würdest, um auf das Rekordergebnis zu kommen.

Seite 61 Aufgabe 3
a) ...

4 Finde eigene Fragen zu Weltrekorden.
Nutze die Texte oben oder recherchiere weitere Rekorde.
Bitte ein anderes Kind, deine Fragen zu beantworten.
Prüft zum Schluss, ob Rekord, Frage, Rechnung und Antwort zusammenpassen. Korrigiert gegebenenfalls.

Seite 61 Aufgabe 4
...

★ die Anzahl eigener Ballberührungen in einer Minute ermitteln ★ das eigene Ergebnis mit dem Rekordergebnis in Beziehung setzen ★ MK: Texten Daten entnehmen ★ SF: eigene Fragen zu Weltrekorden formulieren, beantworten lassen und auf Plausibilität prüfen

D 16

Anzahl der Grundschulkinder in den einzelnen Bundesländern (Schuljahr 2021/2022)

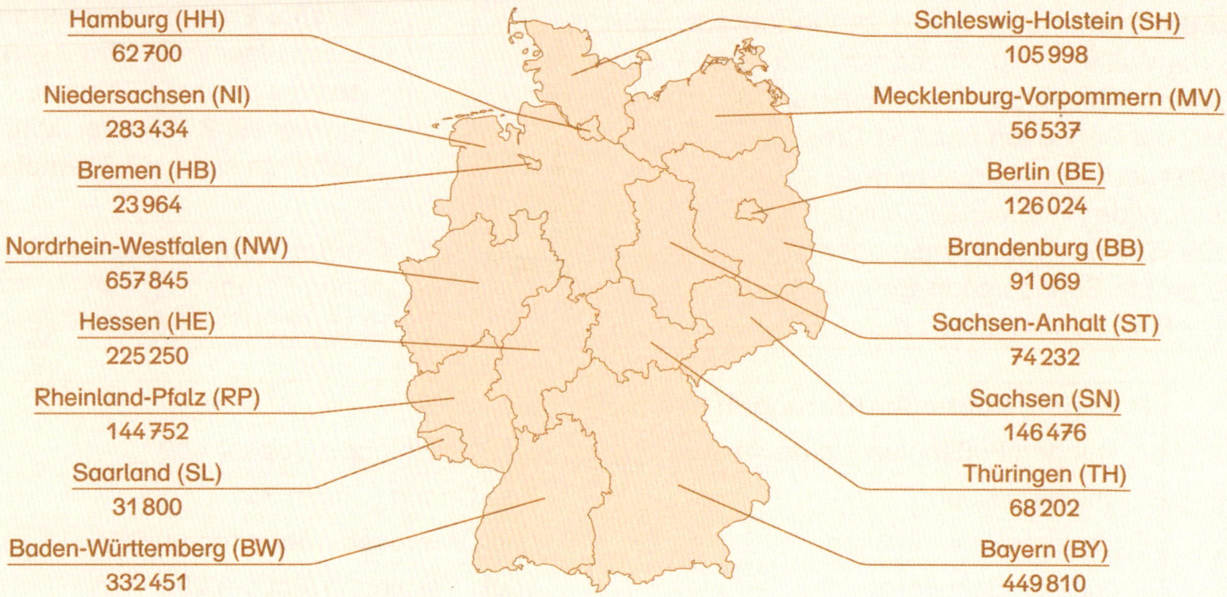

1 Erstelle eine alphabetische Liste der Bundesländer. Verwende die Abkürzungen. Lies dann für jedes Bundesland die Anzahl der Grundschulkinder ab. Schreibe sie auf Zehntausender gerundet auf.

2 Übertrage die gerundeten Anzahlen aus Aufgabe 1 in ein Schaubild.

: 100 000 Grundschulkinder
: 10 000 Grundschulkinder

3 Stelle die gerundeten Anzahlen aus Aufgabe 1 in einem Säulendiagramm dar. 10 000 Kinder entsprechen 1 mm. Nutze, wenn möglich, Millimeterpapier.

* Anzahlen runden
* **MK:** gerundete Zahlen in einer Liste, einem Schaubild und einem Säulendiagramm darstellen

4 Stelle die gerundeten Anzahlen aus Aufgabe 1 in einem Balkendiagramm dar.
10 000 Kinder entsprechen 2 mm.

Seite 63 Aufgabe 4
...

5 Ergänze die Aussagen mithilfe deiner Ergebnisse in den Aufgaben 1, 2, 3 und 4 in deinem Heft. Verwende die Abkürzungen.

Seite 63 Aufgabe 5
a) ...

a) Die wenigsten Grundschulkinder hat ___.

b) Die meisten Grundschulkinder gibt es in ___.

c) Mehr als 300 000 Grundschulkinder gibt es in ___, ___ und ___.

d) Zwischen 100 000 und 200 000 Grundschulkinder haben ___, ___, ___ und ___.

e) In NW gibt es ungefähr ___ Grundschulkinder mehr als in BY.

6 Vergleicht die Darstellungsformen in den Aufgaben 1, 2, 3 und 4.

a) Beschreibt, mit welchen Darstellungsformen ihr die Aussagen in Aufgabe 5 besonders leicht und schnell ergänzen konntet.

b) Beschreibt Besonderheiten und Vorteile der unterschiedlichen Darstellungsformen.

* **MK:** gerundete Zahlen in einem Balkendiagramm darstellen
* Daten vergleichen, Aussagen ergänzen * **SF/MK:** verschiedene Darstellungsformen vergleichen, Besonderheiten und Vorteile beschreiben

Sonnenstunden in den einzelnen Bundesländern in den Monaten Juni, Juli und August 2022

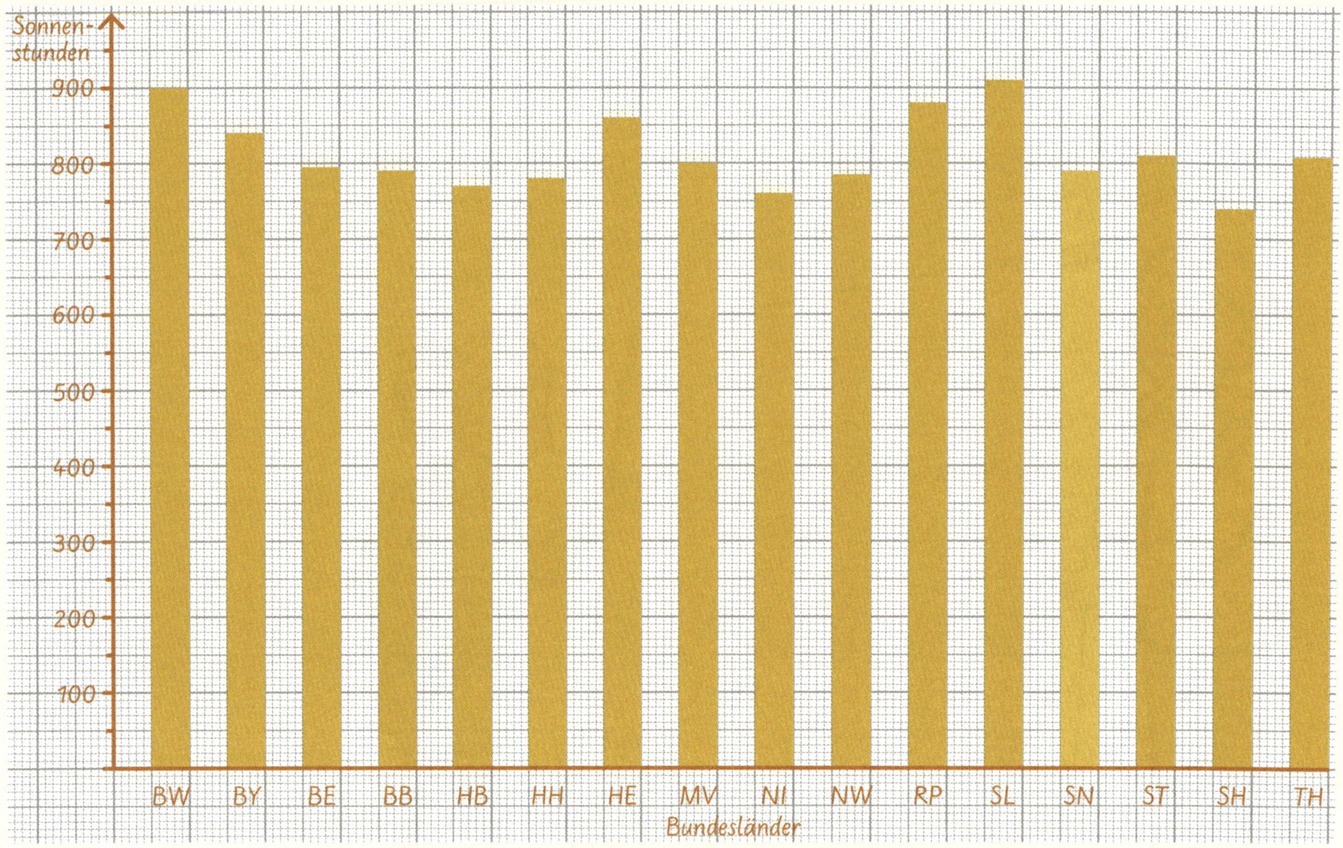

1 Ergänze die Aussagen in deinem Heft. Lies die Informationen im Diagramm oben ab. Verwende die Abkürzungen.

a) Die meisten Sonnenstunden gab es in ___.

b) Die wenigsten Sonnenstunden gab es in ___.

c) In ___ und ___ gab es gleich viele Sonnenstunden.

d) Im SL gab es ___ Sonnenstunden mehr als in SH.

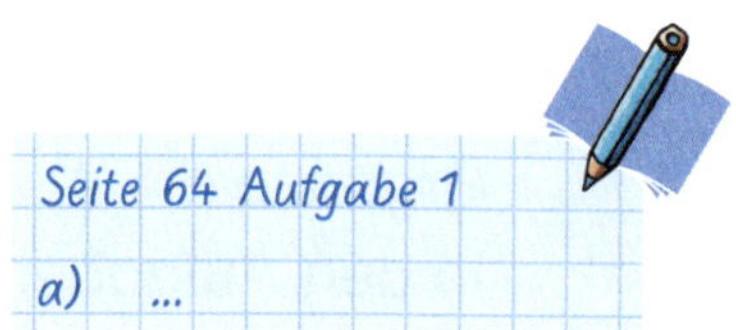

2 Vergleiche die Anzahl der Sonnenstunden, die es in deinem Bundesland gab, mit denen anderer Bundesländer. Berechne Unterschiede und schreibe die Vergleiche auf.

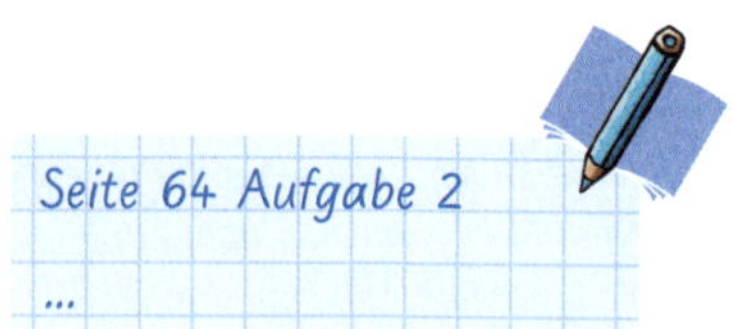

3 Übertrage die Tabellen in dein Heft. Übertrage dann die im Säulendiagramm dargestellten Daten in die Tabellen.

Bundesland	BW	BY	BE	BB	HB	HH	HE	MV
Sonnenstunden								

Bundesland	NI	NW	RP	SL	SN	ST	SH	TH
Sonnenstunden								

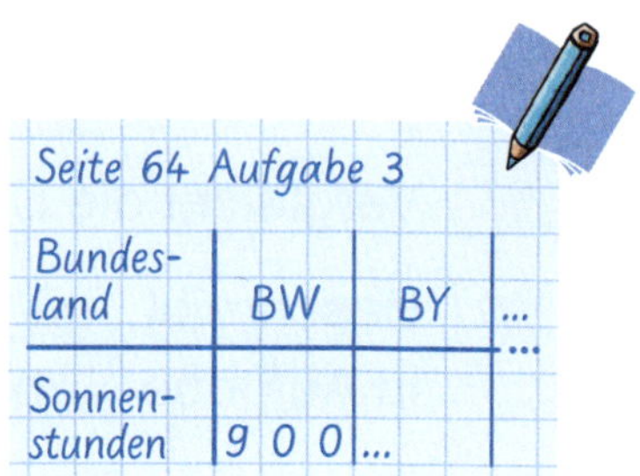

★ MK: einem Säulendiagramm Daten entnehmen, Aussagen ergänzen
★ SF: Vergleiche formulieren und Unterschiede berechnen
★ MK: Daten aus einem Säulendiagramm in Tabellen übertragen

4 Mit einem Schreibprogramm kannst du die Daten aus Aufgabe 3 in einer Tabelle am Computer darstellen. So gehst du dabei vor:

Vorbereitung:
- Öffne dein Schreibprogramm und ein neues Dokument.
- Speichere das Dokument.
- Drehe das Dokument ins Querformat.
  So passen alle 16 Bundesländer nebeneinander.

Eine Tabelle anlegen:

Spalten einfügen:

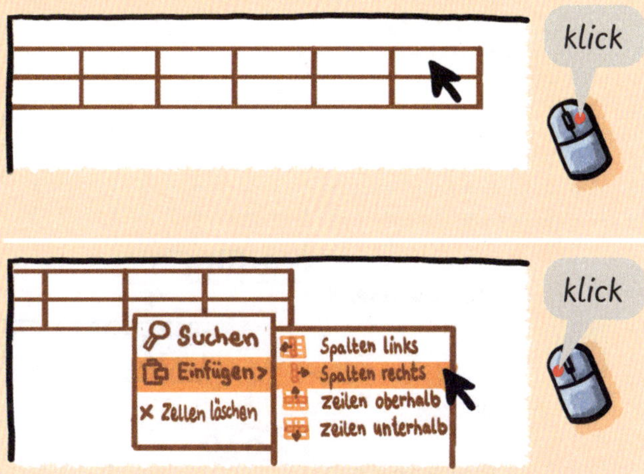

Wiederhole den Vorgang noch sechs Mal, damit alle Bundesländer nebeneinander passen.

Tabelle beschriften und ausfüllen:

5 Erkundet euer Schreibprogramm.
- Könnt ihr auch direkt eine große Tabelle anlegen?
- Gibt es andere Wege, bei einer Tabelle eine Spalte einzufügen?

⋆ **MK:** mit einem Schreibprogramm eine Tabelle am Computer erstellen
⋆ **MK:** selbst Möglichkeiten zum Anlegen einer Tabelle mit einem Schreibprogramm erkunden

	2020	2021	2022
Frühling	709	499	673
Sommer	670	613	817
Herbst	360	345	367
Winter	172	164	160

Die Tabelle zeigt die Anzahl der Sonnenstunden in Deutschland von 2020 bis 2022.

1 Übertrage die in der Tabelle oben dargestellten Daten in ein Säulendiagramm. Nutze dazu ein Schreibprogramm am Computer. So gehst du dabei vor:

Vorbereitung:

- Öffne dein Schreibprogramm und ein neues Dokument.
- Speichere das Dokument.

Ein Diagramm anlegen:

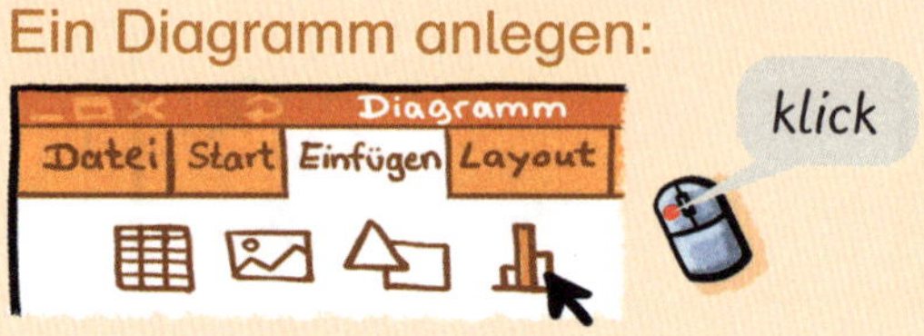

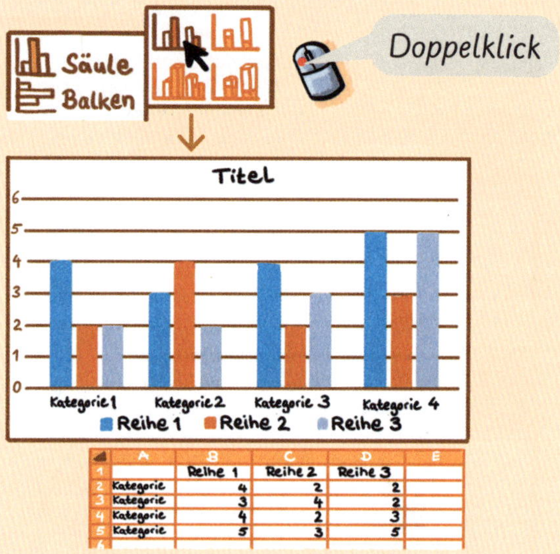

Die vom Programm vorgegebenen Daten anpassen:

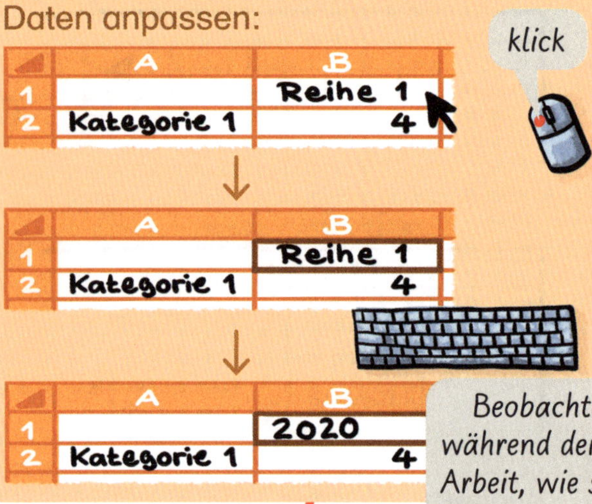

Beobachte während deiner Arbeit, wie sich das Diagramm verändert.

Die Tabelle ausfüllen:

Übertrage die Daten in die Tabelle.

- Beschrifte zunächst die erste Zeile.
- Beschrifte dann die erste Spalte.
- Beschrifte dann die weiteren Zellen der Tabelle. ↓

	A	B	C	D
1		2020	2021	2022
2	Frühling	709	499	673
3	Sommer	670	613	817
4	Herbst	360	345	367
5	Winter	172	164	160

Einen Diagrammtitel vergeben:

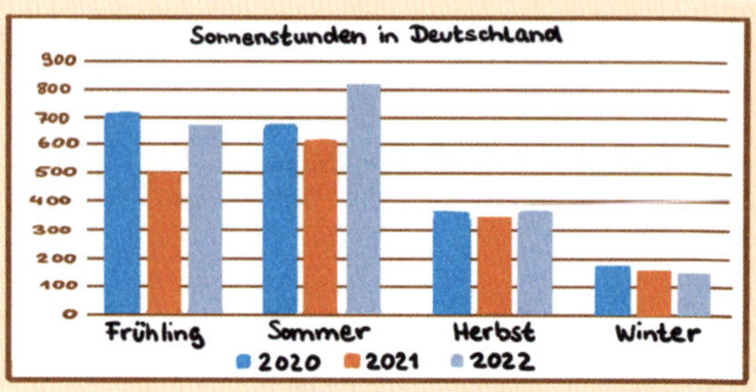

2 Betrachtet eure Diagramme.
Vergleicht die Daten aus unterschiedlichen Jahren und Jahreszeiten.

* MK: mit einem Schreibprogramm ein Säulendiagramm am Computer erstellen
* SF: Ergebnisse auswerten, Anzahl der Sonnenstunden in den unterschiedlichen Jahren und zu den unterschiedlichen Jahreszeiten vergleichen

Digitale Geräte wie Smartphones und Tablets speichern und verarbeiten Informationen mithilfe von Daten.
Ein Maß für die Menge von Daten ist die **Datenmenge**.

Die kleinste Speichereinheit des Computers ist ein Bit (1 b).
8 Bit sind 1 Byte (1 B). Das entspricht zum Beispiel einem Buchstaben.
1 000 Byte sind 1 Kilobyte (kB).
1 000 Kilobyte sind 1 Megabyte (MB).

Die **Dateigröße** gibt an, wie viele Daten in einer Datei gespeichert sind.

1 Wandle um.

a) 32 b = ■ B
48 b = ■ B
40 b = ■ B

b) 3 000 B = ■ kB
70 000 B = ■ kB
800 000 B = ■ kB

c) 9 000 kB = ■ MB
400 000 kB = ■ MB
20 000 kB = ■ MB

d) 8,500 kB = ■ kB ■ B
4,030 kB = ■ kB ■ B
32,006 kB = ■ kB ■ B

e) 2,300 MB = ■ MB ■ kB
430,060 MB = ■ MB ■ kB
80,009 MB = ■ MB ■ kB

Seite 67 Aufgabe 1
a) 4 B, ...
b) ...
c) ...
d) 8 kB 500 B, ...
e) ...

2 Vergleiche die Datenmengen.
Setze die Zeichen <, > und = passend ein.

a) 56 kB 300 B ● 56 030 B
4 kB 200 B ● 4,200 kB
20 kB 63 B ● 63,020 B

b) 20 200 kB ● 2 MB
7 400 kB ● 7,700 MB
95 100 kB ● 95,100 MB

Seite 67 Aufgabe 2
a) 56 kB 300 B > 56 030 B
⋮
b) ...

3 Schreibe die Datenmengen der Größe nach geordnet auf.
Beginne mit der kleinsten Datenmenge.

3 kB 500 B | 30 500 B | 3,050 kB | 35 000 kB

Seite 67 Aufgabe 3
3,050 kB < ...

4 Betrachte die Dokumente, die du für die Seiten 65 und 66 erstellt hast.
Finde jeweils die Dateigröße heraus.

* MK: Maßeinheiten für Datenmengen kennenlernen und umwandeln
* MK: Angaben zu Datenmengen vergleichen und der Größe nach ordnen
* MK: Dateigrößen eigener Dokumente ermitteln

Sportverein Sternhausen Mitglieder der Kinder- und Jugendabteilung:

Abteilung	Mitglieder
Fußball	256
Handball	128
Karate	18
Leichtathletik	31
Schwimmen	48
Turnen	31

Tabelle

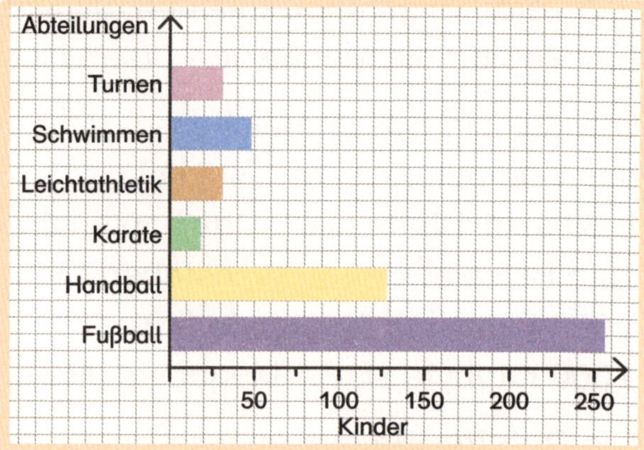

Balkendiagramm

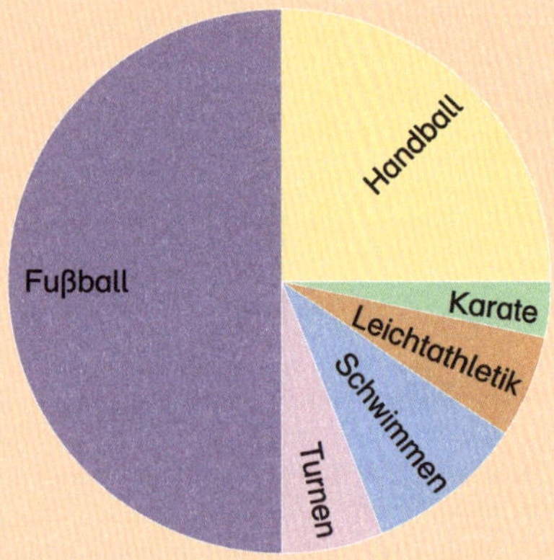

Kreisdiagramm

1 Besprecht …

a) … den Aufbau der unterschiedlichen Darstellungen.

b) … was ihr bei jeder Darstellung auf einen Blick erkennen könnt.

2 Beantwortet die Fragen. Nennt jeweils die Darstellungsform, aus der ihr die entsprechenden Informationen entnehmt.

a) Welche Abteilung hat die meisten Mitglieder? Welche Abteilung hat die wenigsten Mitglieder?

b) Wie viele Mitglieder hat die Fußballabteilung?

c) Welche Abteilung hat doppelt so viele Mitglieder wie eine andere?

d) Wie viele Mitglieder hat die Schwimmabteilung mehr als die Turnabteilung?

e) Wie viele Mitglieder gibt es in der Schwimm- und Leichtathletikabteilung insgesamt?

3 Beschreibt Möglichkeiten und Grenzen der unterschiedlichen Darstellungsformen.

* **SF/MK:** unterschiedliche Darstellungsformen beschreiben
* **SF/MK:** unterschiedlichen Darstellungsformen Daten entnehmen, Fragen beantworten
* **SF/MK:** Möglichkeiten und Grenzen unterschiedlicher Darstellungsformen beschreiben

1 Führt in eurer Schule eine Umfrage zu ausgeübten Sportarten in der Freizeit durch. Stellt die Ergebnisse dar.

Geht so vor:

Bildet Gruppen.
Jede Gruppe ist für eine Umfrage in einer anderen Klasse zuständig.

Ermittelt, welche Sportarten von wie vielen Kindern betrieben werden.
Notiert die Ergebnisse in einer Strichliste.

Klasse: ______	
Sportart	Kinder

Betrachtet alle Sportarten, die die Kinder genannt haben.
Überlegt, ob ihr alle Sportarten einzeln erfassen wollt
oder ob ihr bestimmte Sportarten zusammenfassen wollt.

Führt die Ergebnisse aus allen befragten Klassen in einer Tabelle zusammen. Ihr könnt die Tabelle auch am Computer erstellen.

alle Klassen	
Sportart	Kinder

Übertragt das Gesamtergebnis in ein Balken- oder Säulendiagramm.
Ihr könnt das Diagramm auch am Computer erstellen.

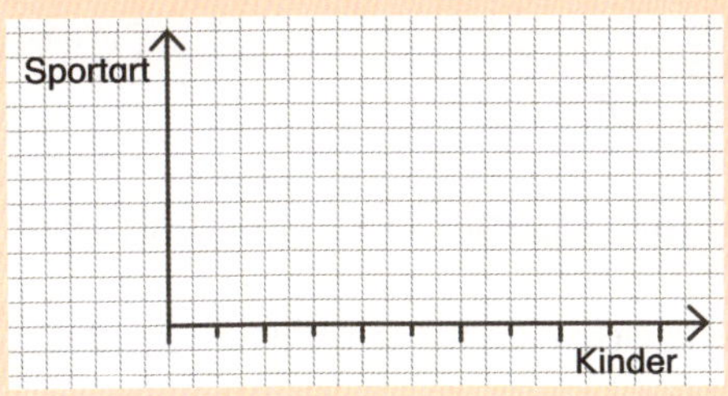

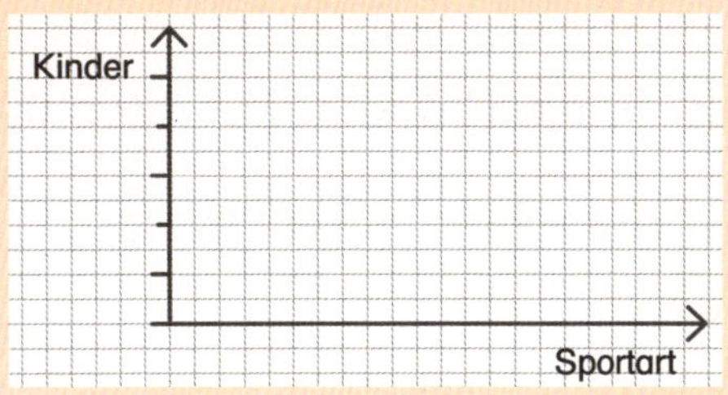

2 Betrachtet eure Tabelle oder das Diagramm.
Schreibt Vergleiche auf. Nutzt folgende Anregungen.

mehr als | weniger als | mehr als | weniger als

insgesamt | ungefähr doppelt so viele | ungefähr halb so viele

* MK: nach Anleitung eine Umfrage durchführen
* MK: Ergebnisse in einer Tabelle und einem Diagramm optional am Computer darstellen
* SF: Vergleiche formulieren

1 Plant gemeinsam in der Kleingruppe eine Präsentation eurer Umfrageergebnisse.

a Überlegt zuerst, wie ihr eure Erfahrungen, Ergebnisse und Inhalte einer anderen Gruppe oder der ganzen Klasse vorstellen möchtet.

Plakat | Beamer | Text-Dokumente | Computerpräsentation | …

b Überlegt, welche Inhalte ihr in eure Präsentation aufnehmen möchtet.

Ablauf der Befragung | Erfahrungen bei der Befragung | Ergebnisse der Befragung | Darstellungsformen während der Befragung | mögliche und gewählte Darstellungen der Ergebnisse | …

2 Besprecht, was bei der Gestaltung der Präsentation wichtig ist.

Darstellung von Überschriften und Unterpunkten | Darstellung von Tabellen und Diagrammen | Auswertung und Zusammenfassung der Ergebnisse | Ausgestaltung mit Symbolen oder Fotos | …

3 Besprecht, wie ihr die Präsentation durchführen möchtet.

Verteilung der Aufgaben in der Gruppe:
- Wer spricht?
- Wer bedient die Technik?
- Wer gibt Hinweise zur Darstellung?
- …

Was ist beim Sprechen zu beachten?

ein einleitender Satz für die Präsentation

eine abschließende Zusammenfassung und Deutung der Ergebnisse

…

Übt eure Präsentation, bevor ihr sie vor der großen Gruppe haltet.

★ SF/MK: nach Anleitung eine Präsentation der Umfrageergebnisse in Kleingruppen planen und durchführen

Einstern 4

Themenheft 1

- Die Zahlen bis 1 000 000
- Addition und Subtraktion
- Körper
- Daten

Erarbeitet von: Roland Bauer und Jutta Maurach
Redaktion: Friederike Thomas, Sophie Yurdakul, Nicole Martens
Illustration: Yo Rühmer
Umschlaggestaltung: Cornelia Gründer, agentur corngreen, Leipzig
Layout und technische Umsetzung: lernsatz.de
Bildquellen: **S. 62 Deutschlandkarte:** Shutterstock.com/Pyty.
Quellen des Zahlenmaterials: **S. 58 Bevölkerung Düsseldorf:** Amt für Statistik und Wahlen Düsseldorf (2020): Demografiemonitoring 2014 bis 2020. Statistische Informationen Nr. 307. Zugriff am 12. Juni 2023, https://www.duesseldorf.de/fileadmin/Amt12/statistik/stadtforschung/download/Demografiemonitoring_2014_bis_2020.pdf. **S. 60 Umgefallene Dominosteine:** Sinners Domino Entertainment E.K. (2018): Größte Domino-Show mit Weltrekord. Zugriff am 12. Juni 2023, https://www.sinnersdominoentertainment.com/de/domino-events-leistungen/werksshow.html; **Höchste Gebäude:** Guinness world records 2023, Ravensburg: Ravensburger Buchverlag Otto Maier (2022), S. 154, 155; **Höchste Sandburg:** ebd., S. 131; **Höchster Schneemann:** ebd., S. 102; **Längster Schluckauf:** ebd., S. 68. **S. 61 Größte Puzzlesammlung:** ebd., S. 178; **Größte Sammlung von Weihnachtsartikeln:** ebd., S. 88; **Größte Sockensammlung:** ebd., S. 84; **Meiste Fußballberührungen in einer Minute:** ebd., S. 92, 93. **S. 62 Grundschulkinder in den Bundesländern:** Statistisches Bundesamt (29. September 2022): Allgemeinbildende Schulen. Schuljahr 2021/2022. Zugriff am 12. Juni 2023, https://www.destatis.de/DE/Themen/Gesellschaft-Umwelt/Bildung-Forschung-Kultur/Schulen/Publikationen/Downloads-Schulen/statistischer-bericht-allgemeinbildende-schulen-2110100227005.xlsx?__blob=publicationFile. **S. 64 Sonnenstunden in den Bundesländern im Sommer 2022:** DWD (30. August 2022): Anzahl der Sonnenstunden im Sommer 2020 bis 2022 nach Bundesländern [Graph]. In Statista. Zugriff am 12. Juni 2023, https://de.statista.com/statistik/daten/studie/36178/umfrage/sonnenstunden-im-sommer-nach-bundeslaendern/. **S. 66 Sonnenstunden in Deutschland 2020 bis 2022:** DWD (2023): Monats- und Jahreszeitenbericht Deutschland. Zugriff am 12. Juni 2023, https://www.dwd.de/DE/leistungen/klimakartendeutschland/klimakartendeutschland_monatsbericht. Darstellung je aus didaktischen Gründen verändert.

www.cornelsen.de

1. Auflage, 1. Druck 2023

Alle Drucke dieser Auflage sind inhaltlich unverändert und können im Unterricht nebeneinander verwendet werden.

Druck: ppm Fulda GmbH & Co. KG, Fulda

ISBN 978-3-06-084790-7

PEFC-zertifiziert
Dieses Produkt stammt aus nachhaltig bewirtschafteten Wäldern, Recycling und kontrollierten Quellen
PEFC/04-31-1308
www.pefc.de

Vorschläge für Plenumsphasen zum vertiefenden Erwerb prozessbezogener Kompetenzen

S. 4/16	Kinder präsentieren ihre Suchergebnisse zu großen Zahlen und erklären jeweils deren Bedeutung, dabei verwenden sie unterschiedliche Darstellungen, z. B. Fotos, erstellte Plakate usw.
S. 5/17	Kinder erkennen und beschreiben auf der Grundlage des Mehrsystemmaterials (Würfel, Stange, Platte, Block, Blockstange …) die Zusammenhänge im dekadischen Stellenwertsystem
S. 12	Kinder stellen ihre selbst erfundenen Zahlenrätsel vor und überprüfen diese auf Plausibilität
S. 20	Kinder beschreiben Veränderungsvorgänge in der Stellentafel und nutzen dabei die Struktur des Zehnersystems
S. 26	Kinder beschreiben das Runden auf unterschiedliche Stellenwerte in Abhängigkeit zum Kontext und begründen ihre Wahl, sie präsentieren Beispiele für Sachsituationen, bei denen genaue Zahlenangaben bedeutsam sind und bei denen gerundete Zahlenangaben genügen
S. 29	Kinder stellen ihre Rätselfragen zu den verschiedenen geometrischen Körpern vor und lösen sie
S. 34	Kinder stellen ihre Vorgehensweise beim Schätzen von Rauminhalten vor, vergleichen und bewerten diese
S. 36	Kinder beschreiben, vergleichen und bewerten unterschiedliche Rechenwege; sie benennen auch Kriterien guter Beschreibungen
S. 46	Kinder stellen Additions- und Subtraktionsaufgaben vor, bei denen Rechenvorteile das Lösen erleichtern, sie beschreiben ihr Vorgehen beim vorteilhaften Rechnen
S. 57	Kinder stellen anhand ausgewählter Beispiele Methoden zum Kontrollieren ihrer Ergebnisse vor, vergleichen und bewerten diese hinsichtlich ihrer Möglichkeiten und Grenzen
S. 58	Kinder stellen Beispiele für unterschiedliche Rechenwege vor und begründen jeweils ihre Wahl
S. 68	Kinder beschreiben spezifische Merkmale unterschiedlicher Darstellungsformen anhand von Beispielen

Vorschläge für die Förderung von Medienkompetenz

S. 27/47	Kinder erstellen eine (digitale) Sammlung/ein Buch für die Klasse mit selbst verfassten Zahlenrätseln. Dieses Projekt kann im Laufe des Schuljahres fortgesetzt werden.
S. 29	Kinder erstellen eine (digitale) Sammlung/ein Buch für die Klasse mit selbst verfassten Körper-Rätseln. Dieses Projekt kann im Laufe des Schuljahres mit Rätseln aus dem Bereich der Geometrie fortgesetzt werden.
S. 30	Kinder gestalten ein Spiel: Sie bauen, optional aus einer festgelegten Anzahl von Würfeln, ein Würfelbauwerk und machen ein Foto davon, zusätzlich schreiben sie den Bauplan auf, im Anschluss werden alle Fotos und Baupläne gesammelt und gemischt, Aufgabe der Kinder ist dann, die Paare wieder richtig zuzuordnen
S. 34	Kinder recherchieren im Internet nach Möglichkeiten, den Rauminhalt eines Quaders zu bestimmen oder zu verändern; davor sollte thematisiert werden, dass bei der Recherche bzw. vor dem Nutzen der Tools auf eventuell anfallende Kosten oder die Abfrage (personenbezogener) Daten zu achten ist
S. 36/58	Kinder erstellen eine (digitale) Sammlung mit Aufgaben, die sie im Kopf, halbschriftlich oder schriftlich rechnen
S. 47	Kinder erstellen eine Merktafel zu Fachbegriffen der Addition und Subtraktion
S. 61	Kinder erstellen eine (digitale) Sammlung/ein Buch für die Klasse mit selbst verfassten Rechengeschichten zum Thema Rekorde. Dieses Projekt kann im Laufe des Schuljahres mit Rechengeschichten zu weiteren Themen fortgesetzt werden.
S. 64	Kinder recherchieren im Internet nach Informationen zur Anzahl der Sonnenstunden zu anderen Jahreszeiten oder in anderen Jahren oder in anderen Ländern; sie können die Daten auch auswerten und mit den Daten zum Sommer 2022 in Deutschland vergleichen
S. 68	Kinder erkunden ihr Textverarbeitungsprogramm und prüfen, ob und wie sie damit auch Balken- oder Kreisdiagramme erstellen können

Synopse zu den Medienkompetenzbereichen

Suchen, Verarbeiten und Aufbewahren	S. 4, 16, 27, 29, 36, 47, 58, 60–64, 66, 68
Kommunizieren und Kooperieren	S. 70
Produzieren und Präsentieren	S. 4, 16, 27, 29, 30, 36, 47, 58, 61, 63, 64, 66, 69, 70
Schützen und sicher Agieren	S. 34
Problemlösen und Handeln	S. 14, 15, 22, 25, 34, 38–41, 48, 49, 65–70
Analysieren und Reflektieren	S. 68